NF文庫
ノンフィクション

真珠湾攻撃でパイロットは何を食べて出撃したのか

日本海軍料理ものがたり

高森直史

潮書房光人新社

はじめに

昭和二十年、終戦とともに世界に冠たる日本帝国海軍はその栄光の座を降りた。しかし、いまだに海軍を懐かしむ人や「海軍ではこうだった」とか「海軍でおぼえた」という生活習慣や考え方を踏襲している人は多い。海軍兵だった人も、よく聞くとさんざん〈精神注入棒〉や〈前へささえ〉の世話になっているのに、それでも「海軍はよかった」という人が断然多いのは不思議でもある。ここらに日本海軍独特の優れた思想や文化があるのではないかと思われる。

私は昭和三十五年から平成六年まで三十五年間、海上自衛隊に在職したが、昭和五十年代中期までの約二十年はまだ海軍歴のある人が相当数健在だった。予科練上がりや駆逐艦乗り、なかには「インディアナポリスを沈めた」という元潜水艦乗りだった人（海兵六十八期）から幹部候補生時代、親密な指導教育を受けたこともある。インディアナポリスといえば広島、長崎へ投下する原爆をテニアン島へ輸送した米重巡であり、輸送任務を終えてレイテに向かう途中の昭和二十年七月二十九日、伊五十八潜水艦の魚雷によって撃沈されたことは、戦後、米海軍が公表したことにより明らかになったが、思えばそのような生き証人に直接教育を受けることができただけでも歴史が身近に感じられる。いまにして思えば、もっと吸収しておけばよかったと悔やまれる。

艦が撃沈され、九死に一生を得た人や重傷を負った人の話を聞き、また、戦後史上に名を留めるような著名な業績をのこした海軍兵学校出身の元将校の姿に接することもあった。海軍主計兵として烹炊《ほうすい》作業（調理のこと）に従事していた人たちからは直接調理の手ほどきを受け、海軍での料理の基本を教わることができた。

海軍料理を研究しているうちに、海軍にはさまざまな食文化があることに気がついた。

十七年前、「肉じゃが」のルーツは海軍にあることを私が古い資料の中から掘り起こしたことで、テレビ番組にとりあげられ、いまではすっかり海軍料理として認知されるに至っているが、海軍料理教科書を見ると、作り方にいかにも海軍式といった合理性が見られる。

たとえば、「肉じゃが」では「油を入れて三分後に牛肉、七分後に砂糖、十分後に醤油、十四分後にこんにゃく、馬鈴薯、三十一分後に玉葱《たまねぎ》を入れ、三十四分で終了」とある。十四分でも十五分でもよさそうであるが、三十五分まで一分の余裕を残して料理を終了することを考えた厳しい分単位のレシピはたいへん科学的で、これこそ海軍式といったところで、楽しくもある。そのような料理がたくさん見られる。

紳士教育を志した海軍士官のグルメ料理とはどんな献立だったのか、普段はどんな食事をしていたのか、真珠湾攻撃のとき、パイロットたちはどんな食事をとって出撃したか、ミッドウェー海戦の戦闘中、主計兵は何をしていたかなど、歴史を裏側から覗いて見るのもおもしろいと思われる。作戦や戦闘の陰に隠れて知られていない海軍料理の中に食文化を見出し、海軍の遺産として紹介しようというのが本書の目的である。

〈本書を読まれる方へ〉

1、本書を作るうえで参考とした主な資料は巻末別掲のとおり。とくに海軍の料理、食事様式、給食制度を知るうえでもっとも信頼できる資料として、海軍経理学校発行『海軍厨業管理教科書』（昭和十七年版）および瀬間喬元海軍主計中佐著『日本海軍食生活史話』を用いた。

2、食品や料理の古い名称が海軍資料の中に多数あり、食文化史を知るうえでも貴重と考え、引用にあたっては極力原文によることとした。そのため、食品、料理名や記述に当時の当て字や旧かなづかいや不統一があるが、適宜注釈を加えることとした。

〈例〉玉菜、甘藍＝キャベツ　花玉菜＝カリフラワー　青洋独活＝グリーンアスパラガス　菠薐草＝ほうれん草　慈姑＝くわい　犢＝仔牛　レバ＝レバー　バタ、牛酪＝バター　阿列布油、オレフ油＝オリーブ油

旧海軍の七十年以上の歴史の中には、当然のことながら海軍が用いた糧食関係の用字用

語にも変化がみられる。たとえば、明治時代は「馬鈴薯」といっていたものが、昭和になると「じゃがいも」とよぶ場合が多くなり、料理ではポテトサラダなどといういいかたもみられるが、時代の変遷や社会の背景を示す意味もあると考え、前記とも関連し、そのときの用字用語を使用した。

3、海軍料理の献立名はあってもレシピが不明のものが多いため、イラストで再現した海軍料理については海軍の烹炊員教育として行なわれていた標準的作り方を参考とした。ただし、〈標準的〉の作り方とはいうものの、書かれたものは多く残っていない。幸いなことに、昭和三十六年から三年間、筆者が海上自衛隊第一術科学校（江田島）教官として在職中、上司に数名の旧海軍主計科出身者があり、折り折りの体験談や調理実習、研究料理を通じて多少の知識を授かることができたので、その手法を反映させてある。

4、食事やその材料について「糧食」「食糧」「生糧品」「食料」「兵食」「給養」「給食」など、そのときの状況に添った使い分けをした。とくに「糧食」は軍特有の用語で、主食を中心とする食材を指すが、広義にはそれらの調達・管理までを含めたものまでをいう場合がある。「食糧」は一般的用語として使用した個所がある。「食料」は食材だけではなく給与としての金給をふくんでおり、一般に「食料品」という場合の食料とは意味が異なる。「兵食」は給与制度に則して下士官兵に支給される、いわゆる「給食」と概ね同じ意味である。「給食」という用語は当時の軍にはなく、便宜上もちいたものである。

5、軍事用語には明白な定義や微妙な違いがあり、たとえば、「軍艦」とは正式には戦艦、空母、巡洋艦、砲艦などをいい、駆逐艦以下の艦艇は「軍艦」ではなく、また、「海軍士官」と「海軍将校」も同じようでも厳然とした解釈の違いがあるが、終始一貫した使い方をするとかえって混乱をまねくので、文の前後関係や内容から理解が得やすい方をもちいた。単独にもちいた「艦」をフネ（船）と読むのは正しくないが、海軍以来の習慣なので、便宜上「フネ」と読んでもらったほうがよい。

真珠湾攻撃でパイロットは何を食べて出撃したのか——目次

真珠湾攻撃でパイロットは何を食べて出撃したのか

日本海軍料理ものがたり

1　シチュー変じて肉じゃが？〈これぞ海軍式料理の知恵〉

明治新政府の海軍がスタートしたときは旧幕府時代の艦船六隻、わずか二千四百五十トンだった。とにかく近代海軍を整備しなければ開国の歩調に間に合わなかったから、乏しい財政の中から軍艦を造り、兵制を定めた。明治五年（一八七二年）、兵部省を廃して海軍省を設置したときには甲鉄艦二隻以下、一万三千八百トンに成長していた。

海軍の兵制はイギリスを手本とした。陸軍は、はじめはフランスを模範にしていたが、ウィルヘルム一世治世下でのドイツのビスマルク体制が勢いづいてきたのをみて気が変わり、途中でドイツに鞍替えをした。その点、海軍は最初から大英帝国を師と仰ぎ、イギリス流の様式を積極的にとりいれていった。海軍軍人を留学させ、軍艦をヨーロッパに派遣して欧米先進国の海軍に追いつく努力もした。生活習慣、食生活までイギリスを見習ったが、見習っているうちにそれに飽きたらず、ひとあじ違ったものをつくりだすのが日本人の偉いところである。

そのひとつが「肉じゃが」。

明治三十八年（一九〇五年）五月、日露戦争でバルチック艦隊をパーフェクトゲームで破

32歳の東郷平八郎。東郷元帥の写真は老年期のもっそりしたものが多いが、これはイギリス留学中ロンドンで撮った青年期の珍らしい写真の転写。
艦影は近代甲鉄艦の祖「ウォーリア」

った日本海海戦の立役者、東郷平八郎連合艦隊司令長官がまだ二十五歳（明治四年）のときのこと、同僚十一名とともにイギリス留学を命じられ、それぞれ修業先の練習船に配属になった。東郷見習士官はポーツマスの練習帆船ウースター号で訓練を受けることになった。〈ウースター〉といえばウスターソースに由来する地名である。東郷さん、はじめから料理に縁があったのかもしれない。

ウースター号での生活は厳格で、五時半起床、甲板掃除、七時半朝食、九時から学科や訓練で、自習、甲板掃除のあとは釣床（ハンモック）で就寝というのが日課だった（東郷日記）。

当時の校長ジョージ・ヘンダーソン大佐は二年間の訓練に耐えた東洋の青年を、「東郷は優秀だった。俊敏ではないが、つねに一生懸命勉強し、学ぶことは遅いが、いったん学んだことは完全に自分のものにした。静かな性格の中に獅子のような勇気を持っていた」と評している。

それはともかく、勤勉な東郷も洋食には閉口したようで、パンでは満腹感が得られないため、紅茶に浸したパンをどっさりおなかに詰め込むことで空腹を充たしていた。この食べ方には英国人もびっくりしたといわれる。

東郷平八郎は七年間のイギリス留学を終えて明治十一年に帰国する。日本を留守にしている間の祖国は維新後の政情まだ不安で、徴兵令制定、征韓論、佐賀の乱、神風連の乱、秋月の乱、萩の乱、そして明治十年には日本最大の国内戦西南戦争が起こったが、東郷はこれらの政争や戦乱に巻き込まれることなく、ひたすら異国での勉学にいそしんだ。

その後、大成する東郷平八郎については省略するが、その東郷元帥の遺業の一つに「肉じゃが」があるというのだから、イギリス留学は食文化上でもたいへん意義があったことになる。

東郷平八郎が留学中の洋食に辟易して、シチューの調味料のクリームと塩の代わりに醤油と砂糖を使ったとすれば在英中のことであろうが、砂糖はあっても醤油は当時のイギリスでは手に入りにくかったのでは……と考えると、帰国後、イギリスのビーフシチューを懐かしんで舞鶴鎮守府司令長官時代、あるいはそれ

より前の呉鎮守府参謀長時代、またはその他の勤務地で作らせたという推測もできる。そのときの調理担当兵が研究熱心で、醤油と砂糖で味つけしたというのかもしれない。

そのへんの推測はどうあれ、シチューと同じ材料を使った牛肉とじゃがいもの煮物が厳然として明治時代から海軍料理の中にあった。もっとも、この料理を海軍が「肉じゃが」とよんでいたわけではなく、海軍時代を通じて終戦まで「甘煮」といっていた。(「うま煮」と読ませたのかもしれない)この料理は兵役を終えた主計兵等によって家庭でも作られるようになるが、「肉じゃが」というネーミングは昭和四十年代後期(一説によると昭和四十九年)のことである。

昭和十三年版海軍経理学校の『海軍厨業管理教科書』によると「甘煮」の作り方は、つぎのようになっている。(原文のまま)

甘煮
材料　牛生肉、蒟蒻、馬鈴薯、玉葱、胡麻油、砂糖、醤油
作り方　一　油入れ送気　五　十四分後蒟蒻、馬鈴薯入れ
二　三分後生牛肉入れ　六　三十一分後玉葱入れ
三　七分後砂糖入れ　七　三十四分後終了
四　十分後醤油入れ
備考　一　醤油を早く入れると醤油臭く、味を悪くすることがある。
二　合計三十五分と見積もれば充分である。

蒸気釜の構造

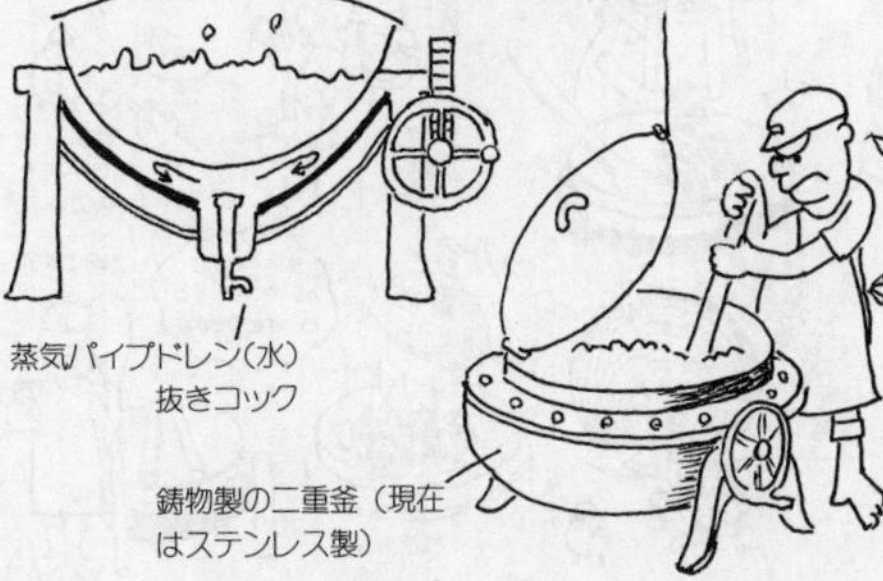
蒸気パイプドレン（水）
抜きコック
鋳物製の二重釜（現在
はステンレス製）

これをレシピどおりに作ると、まぎれもなく今日でいう「肉じゃが」になる。蒟蒻はこんにゃくで、じゃがいもは明治時代は一般にばれいしょといっていた。

東郷元帥と「肉じゃが」の話は明確な記録がないが、その後、日本海軍はしばしば艦艇を欧米に派遣しているので、洋食になじむ一方、現地で主計兵が日本人向きに改善して、名前も適当に「甘煮」とした、それが昭和の海軍まで受け継がれ、教科書にもレシピとしてとり上げられてきたということも考えられる。

海軍が明治の創設以来、料理に熱心だった背景にはもっと大きな理由があった。その最大の理由が脚気《かっけ》と壊血病から逃れることにあった。「明治海軍はじつに脚気と壊血病との闘いでもあった」ともいわれるくらいで、研究の結果二つの病気とも食事によって解決することになるので、海軍の食事に対する思い入れは深いものがある。

「海軍式」とはなにか、といわれると、いわく言いがたし、という曖昧なものが多いが、たとえばさきにあげた肉じゃがの作り方をよく見てみよう。

「送気入れ」とは二重になった大釜に蒸気を送ること。船での調理熱源は安全上蒸気を使い、セ氏百十度ていどの温

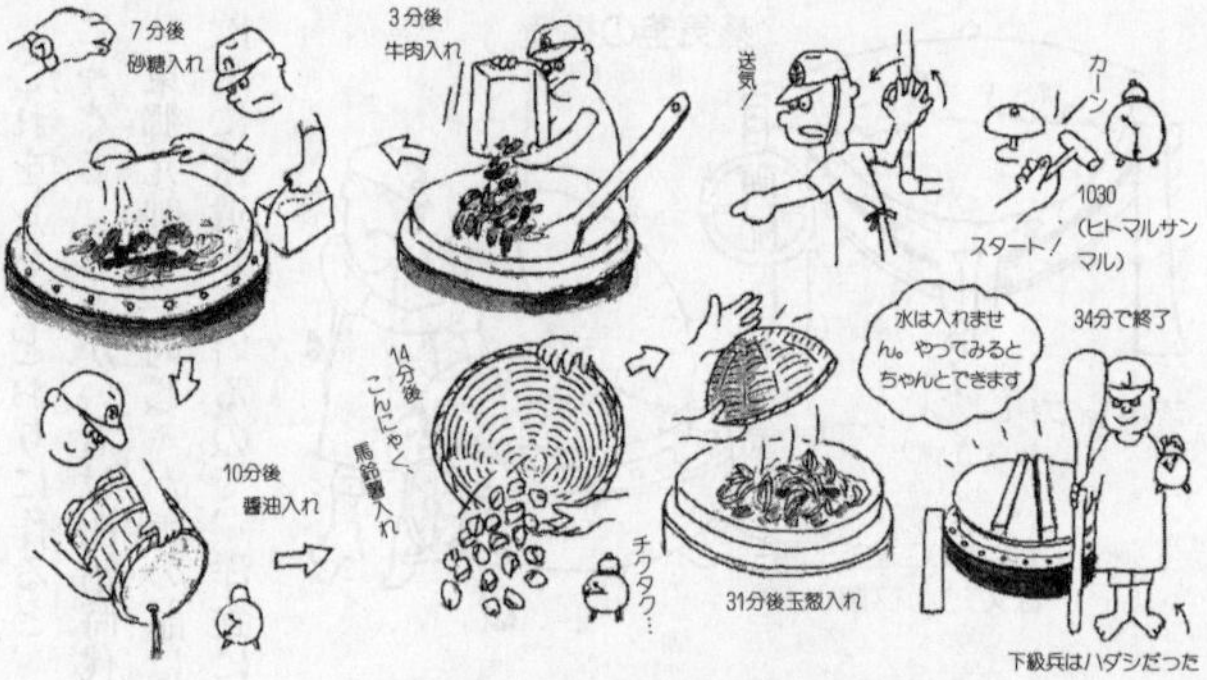
7分後
砂糖入れ
3分後
牛肉入れ
送気!
カーン
1030
(ヒトマルサンマル)
スタート!
水は入れません。やってみるとちゃんとできます
34分で終了
14分後
こんにゃく、馬鈴薯入れ
10分後
醤油入れ
チクタク…
31分後玉葱入れ
下級兵はハダシだった

度まで得られるので、炊飯をはじめ煮物や汁物からちょっとした炒め物までは蒸気釜を使う。海上自衛隊の初期に重油バーナーによる直火の釜が一時採用された護衛艦(「はるかぜ」「ゆきかぜ」)もあるが、直火は危険であるのと取り扱いがむずかしいため、現在も主熱源は高圧蒸気を使っている。揚げ物など高温を必要とする料理だけは電熱器を使う。その点では直火を使うことの多い中国料理は艦艇の調理作業に向かないという欠点はあるが、そこは創意と工夫のできる海軍のこと、明治の昔から中国料理もけっこうメニューに取り入れている。

「肉じゃが」にもどって、牛肉のあとに砂糖を入れるのは味付けの理にかなったことで、すきやき専門の料亭でもこの順序で食べさせてくれるから、海軍では昔から正しい順序を守っていたようである。

こんにゃくを入れるタイミング、たまねぎを最後に入れることなど調味や味覚の上からも科学的である。そして三十四分で終わるという時間管理のよさ、残りの一分で手際よく配食缶に取り分け、三十五分で「ハイ、終わり！」

　ようするに、「肉じゃが」に代表される料理の知恵と合理性がいかにも海軍の流儀である。「スマートで目先が利いて几帳面 負けじ魂 これぞ船乗り」という海軍のキャッチコピーに代表される様式が「海軍式」といってよいのかもしれない。

「スマート」とは容姿のよさでなく、如才なく物事を処理できる、粋で、活発で、機敏で、ハイカラで、気が利いて、賢くて、てきぱきとして、目から鼻に抜けるような才気などなど、ようするに英語の「スマートネス」のことである。

　つねに天候に気を配り、荒天航行の備えをもって臨むという心がけで勤務や陸上生活を送ることも「海軍式」で、これが案外一般社会において、仕事はもとより私生活でも役立つことが多い。戦後、海軍出身者のなかに企業経営等で成功した人が多いのは、明治以来培われたイギリス海軍の教育を継承した日本海軍の流儀が実社会でも認められたものだと思われる。

　もっとも、この海軍式を家庭や日常の社会にあまり持ち込むと敬遠されるようである。「五分前の精神」をいかに説いても、「あなただけ勝手に準備したら。そんなにすぐにできるものではない」といわれ、町内会の集まりが遅いからと「五分前には始められるように集まりましょう」と呼びかけても、「だれに言っているのだろう」とけげんな顔をされるのがおちである。

　肉じゃが――いまではすっかりおふくろの味となっているおなじみの料理にもこんなルーツがあると思えば、明治の海軍も意外に身近なところにある。

2　海軍が牛肉を食べたのはいつ？〈生きた牛を積んだ軍艦〉

肉じゃがとも関連の深い牛肉を海軍が兵食に使いはじめたのはいつごろだろうか。

飛鳥時代の初めころまでは、鹿や猪と同じく家畜も薬膳として食べていたようであるが、天武天皇の殺生禁令（六七五年）「牛馬猿鶏の宍（肉）を食うべからず」や仏教思想により限られた動物しか食べないようになった。

時代はくだって、五代将軍綱吉の生類憐れみの令（貞享四年、一六八七年）などもあり、一時期さらにきびしい禁食を経て江戸末期に至る。もっとも、幕末によると外国船の往来により西洋の食習慣になじむ雰囲気も出てきた。しかし、まだおおやけに牛や馬を食べることは忌み嫌われた。獣肉をおおっぴらに食べるようになるのは、やはり明治の文明開化を待つことになる。

「至尊肉餞、明治五年一月二十四日、天皇陛下膳宰に勅し、初めて肉膳を進めしむ。大いに国民の肉食促進の動機となれり」長谷川栄次元海軍大佐（海兵五十二期、食肉研究者）の『食肉小箋』という資料にあるという。大隈重信の談話として、つぎのような裏話も残されている。

『あるとき――多分、明治四年ごろのことだったと思うが、宮中宿直の部屋で侍従連が集まってコッソリ牛鍋をつつこうとしていた。内緒にと思っても牛肉を煮る匂いが廊下を伝って陛下のお鼻に届いた。そのときまでご存じなかったよい匂いなので溜り部屋のふすまをそっと開けてご覧になると、中では車座になって皆が何か食べていた。「それは何か」とお尋ねになる。一同恐縮したが、いたしかたなく「牛肉にございます」――「うまいか」とのお言葉に「いかにも美味にございます」と申し上げると、「ひとつ食わしてみよ」との仰せ。侍従たちは「それでは」といって鍋からとって差し上げた。翌日になって女官たちの知るところとなり、大騒ぎ。宮中で牛肉を食うことさえ大変なことなのに、これを陛下に差し上げたとは言語道断というわけで、侍従責任者の三条実美と岩倉具視はさんざんあぶらを絞られたのである。しかるに陛下、これをお聞きになり、「あれは自分が求めたもの。牛肉を食うのがなぜ悪い。自分も人間である。神のようにかけ離れた扱いをする汝らこそ過っている」と仰せになったという』（『日本海軍食生活史話』瀬間喬著から抜粋）

明治天皇　牛肉を食される

「明治五年一月天皇初めて牛肉を食す」という歴史年表記載の前にそういうこともあったのかもしれない。これにより国民は安心して牛肉を食べることになった。

当然、海軍は獣肉の食用に積極的であったろうことは想像できるが、残念ながら海軍が明治初期に牛肉をどのくらい、どのように食べたかは記録がない。というのは、明治二年に兵部省創設、四年に海軍糧食制度の基礎ができるが、明治十六年までの兵食（給食）は「金給制度」といって、食事代が給与に含まれ、兵員は給料の中から自分が食べるだけの食費を出すという制度だった。

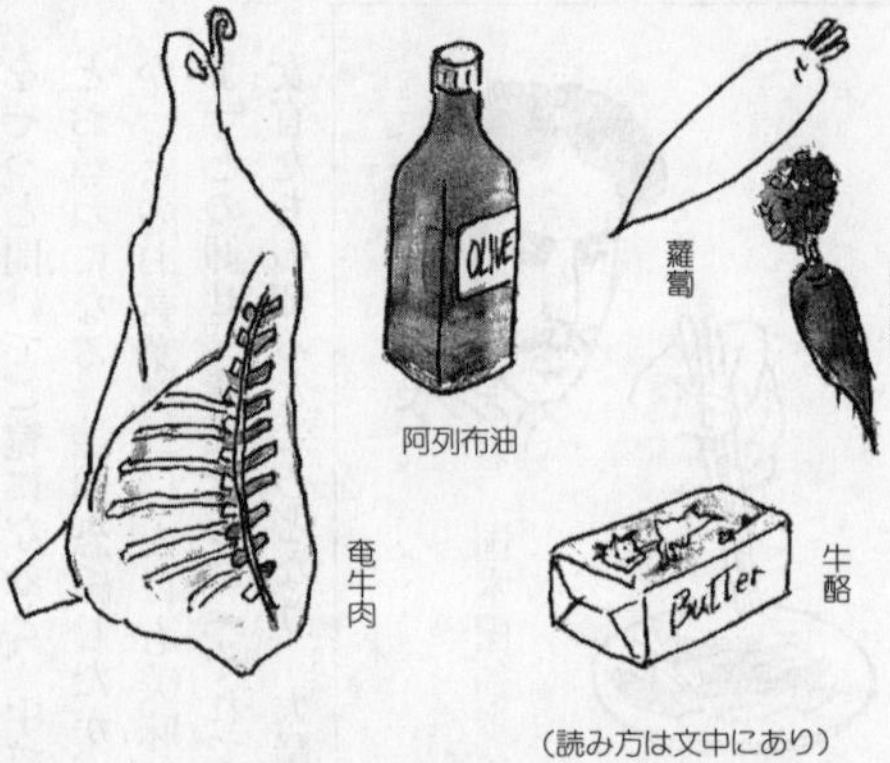

（読み方は文中にあり）

そうすると、食事を制約して貯金したり、郷里に仕送りする者が多く、そのため健康管理に問題が起きてきた。すでに脚気や壊血病による被害は相当なものだったが、これらの病気と食事の関係はまだ明らかにされていない時代のことである。

明治十七年になって食料制度が見直され、兵員の粗食による弊害を改善するため「標準指定金給制度」となった。

「給与の食費分は天引きして、その金で定められた食品を購入して食べさせる」という制度で、この中にはじめて牛肉が指定品目として顔を出している。

第二条　食料ハソノ品類ヲ定ムルコト次ノ如シ

米、蒸餅、乾蒸餅、牛肉、奄牛肉、奄豚肉、鳥肉、鶏卵、魚肉、味噌、醤油、野菜、芋類、胡蘿蔔、蘿蔔、菜類、葱類、豆類、麦粉、茶、脂油、牛乳、牛酪、阿列布油、砂糖、塩、酒、漬物（以下省略）。

（筆者注：奄牛・豚肉は塩漬肉、胡蘿蔔《こらふ》は人参、蘿蔔は大根、牛酪はバター、阿列布油はオリーブ油）

現在でも通用する立派な食材が並び、肉以外にも栄養管理上大切な食品が揃っている。富国強兵時代、すでに兵食にオリーブ油も使われている。戯作『安愚楽鍋』（仮名垣魯文）にはすきやき風景がある。国木田独歩の『牛肉と馬鈴薯』は文明開化の思想を揶揄したものであるが、このような牛肉の扱われ方からも、もはやタブーの食べものではなくなっていった。

貯蔵法だけが問題だった。

明治十年に早くも製氷機を備えた軍艦「筑波」もあるが、冷蔵庫は明治半ばにはまだ普及していなかった。そのため、大航海時代にならって海軍でも生きた牛ごと搭載することもあった。

こういうなかで明治二十七年、日清戦争を迎える。

「敵艦隊見ユノ信号ハ忠勇ナル下士卒ヲシテ覚ヘズ快哉ヲ呼バシム」とあり、日清戦争黄海海戦における北洋艦隊との戦闘直前の模様と思われる。八月なので兵員は夏服。これから始まる戦闘に気合が入り、抱き合う者、腕さすりする者、四股を踏む者、腹ごしらえをする者など。牛が同じ甲板上の囲いに二頭、なにごとか騒ぎを見ている。

戦闘開始、「鎮遠」が放った三十センチ砲弾が我が「松島」に命中、上甲板前部で炸裂し、死傷者も数名。牛もたまらず被弾して「戦死」

上の二葉の絵は、不鮮明な錦絵をもとに複製したものである。連合艦隊旗艦「松島」の艦内風景と、清国戦艦「鎮遠」の砲弾が命中し、牛も名誉の戦死を遂げた図である。

では、どういう料理法で牛肉が食べられていたのだろうか。

ひとくちに海軍の食事といっても、さきに金給制から標準指定金給制への食料制度の移行でふれたように食事は本来、兵員の健康管理が目的なので、そのため士官と兵員（下士官・水兵）の給食体系は別にする必要があった。イギリス海軍給食制度にならったものである。

この考え方を踏襲し、昭和になっても士官（幹部）は太平洋戦争の終わりまで食卓費として自弁する制度がつづいた。簡単にいえば、士官は自分で金を出して好きなものを食べるということであるが、レストランで毎食メニューを選んで食べるようなわけにはいかないので、実際は食事代を出し（あとから徴収することが多かった）、賄い係に献立を任せるということになっていた。このへんが海軍士官の鷹揚なところで、金銭については細かな口出ししないというジェントルマン教育が徹底していたせいであろう。「従兵、今月の食費は安すぎるのじゃないか」ということもあったようで、金銭会計もおおらかなものではあった。

蛇足ながら、現在の海上自衛隊では幹部の食卓料制度はない。基本的には一般公務員と同じく食事は自分で考えなければならない。ただし、艦艇乗り組みを命ぜられた場合は自分で作って食べるわけにはいかないので、幹部も一般隊員と同じく食事は国から支給される。これは防衛庁関係法令によるものでなく、「船舶所有者は船員の乗組中国土交通省令の定めるところにより、これに食料を支給しなければならない」という「船員法」の規定に基づくものである。

軍では将校は兵とは違ういいものを食べていたと伝えられることがあるが、もともと給食の根拠規定が違うからで、将校がうまいものを横取りしていたというのは当を得ていない。

そのような給食規定も太平洋戦争になると戦時特例規定が設けられ、情勢や実態に合った食事の仕方に変わっていくことになる。

明治二十三年六月改正の海軍糧食条例（勅令）の「糧食品目日當表」によれば、骨付生獣肉や無骨生獣肉が停泊時は一日六十匁（二百二十五グラム）支給と規定されている。生肉はまだ保存方法が不十分だったため、航海艦艇には塩漬け肉が使われていた。

冷蔵設備が整うまで生肉保管がいかに困難だったかはエイゼンシュタイン監督による旧ロシア映画『戦艦ポチョムキン』によく描かれている。うじ虫のわいた肉を食べさせたことが引き金となって水兵の叛乱につながる物語である。

明治海軍の具体的な献立や作り方を記したレシピは残っていないが、「糧食品目日當表」にカレー粉などもあるところから、煮物やシチュー、カレーなどバラエティに富んだ食べ方をしていたことがうかがえる。ビフテキはメニューに見当たらないが、横浜や神戸には早くから洋食屋があったので、ビフテキやカツレツが肉料理としてあったことは十分考えられる。

なお、同「日當表」により、缶詰品としてボイルドビーフ、ローストビーフ、コンビーフ、燻獣肉（ハム、ソーセージ）などがすでにこの時代からあったことがわかるので、日本の食生活史を知るうえで興味がある。食生活が進んでいたというよりも海洋先進国にならった食品を取り入れたというもののようである。

3　艦内食糧の保存方法あれこれ〈冷蔵装置と缶詰の発明まで〉

少年時代に胸おどらせて読んだ人も多いロバート・スチーブンソンの海洋冒険小説『宝島』。少年ジム・ホーキンスが甲板上のリンゴ樽の中で海賊シルバーの悪だくみを聞いてしまったことから、物語が急速に発展する。

保存の利くリンゴやレモン、ライムは昔から船乗りにとって貴重な果物だった。

高温多湿の船内で生鮮野菜を保存することはむずかしく、大航海時代の長期航海は常に死との向かい合わせだった。イギリス海軍の叛乱として史上名高い「戦艦バウンティ」の記録（リチャード・ホフ著、原題『ブライ艦長とクリスチャン候補生』一九七二年刊）にも艦内食糧の厳しい制限や壊血病の様子が克明に描かれている。

一七八九年四月二十八日、タヒチ島でパンの木を採取して本国への帰路、南太平洋上で起こったこの叛乱の真相究明には後世さまざまな研究があり、当時の植民地政策や海軍の実情が背景にあって複雑であるが、海上での食生活史の一面を知る手がかりともなる。

メトロ映画で戦前はチャールズ・ロートンのブライ艦長、クラーク・ゲーブルのクリスチャン、戦後はトレバー・ハワード、マーロン・ブランドによる配役で再映画化もあり、壮大

戦艦バウンティ号とパンの実

な海洋劇の中で、食べもの、飲みものの欠乏が人間を狂気に追いやっていく過程がよく描かれていた。

食品の保存といえば、冷凍冷蔵がもっとも効率がいいが、冷凍機が考案されるのは十九世紀前半。当時はエーテルが冷媒だった。ただし、一八六〇年までの冷凍機は製氷が目的で、食品を冷凍冷蔵するための手段ではなかった。その翌年の六一年（文久元年）になってアメリカで初の食品凍結の特許が認められ、食品冷凍の価値が大きくなる。

一八七五年（明治八年）にアンモニアを冷媒に使用するようになって冷凍機械の効率がよくなり欧米で普及が高まるが、日本海軍の艦船に冷凍冷蔵機が装備されるのは、ごく一部の船を除いて、あとのことになる。

『帝国海軍機関史』（第三巻）に、

「我海軍ニ於テ艦内ニ製氷機械ヲ備ヘタルコトハ筑波ガ熱帯巡航ニ際シ、明治十年十二月特ニ聴許セラレシ以来耐ヘテソノ事ナカリシガ、三笠（明治三十五年三月竣工）ニ至リ始メテ空気ヲ用ユル横置復式機械一日製氷力量一噸ノモノ一基ヲ装備セラレタリ」（注、原文未見のため『日本海軍食生活史話』所収による）

とあり、明治十年練習艦「筑波」には製氷機が据えつけられたが、戦艦「三笠」のような軍艦には日露戦争前になって装備がようやく実現したことがわかる。連合艦隊の主力となる外国製甲鉄艦（防御のため外周を鋼鉄で覆った艦。装甲巡洋艦などという）には建造当初からアンモニアや炭酸ガスを起寒剤にした冷凍冷蔵庫が装備されていたので、食品保存の面からも欧米は日本より数段進んでいた。大型艦船はともかく、駆逐艦など冷蔵設備のない小型艦艇はあいかわらず缶詰が主要食材だった。

なお、前出の「筑波」の明治十七年の遠洋航海では、一ヵ月以上の航海にもかかわらず脚気患者が一人も出なかった実績から、野菜類の冷蔵保存に効果があったことも推測できる。しかし、冷蔵庫の普及はあとのことで、その後の日清戦争でも、まだ軍艦に生きた牛を積んでいたくらいだから、獣魚肉を含めた本格的な食品冷凍冷蔵保存は未開発だったようである。

民間でも氷の利用価値から製氷機の導入が研究されていたが、それ以前、幕末から明治初期にかけて、天然氷に目をつけて国内のめぼしいところで氷を切り出しては関東への輸送を試みた人がある。中川嘉兵衛がその人で、失敗に失敗を重ね、七回目にしてようやく函館氷の切り出しに成功、明治四年に函館に三千五百トン収蔵できる氷室を製造した。

この中川嘉兵衛という人物、やる気旺盛で、何度失敗してもくじけることなく手広く食産業に手を出し、氷を探す一方で食肉加工場を作ったり、牛鍋屋も開くなどなかなかせわしい人で、日本の食物史に残る実業家である。函館で氷室をつくった二年後に日本橋に大型氷室を設立し、新しい商品として話題をよんだ。人造氷の製造販売はまだ十数年後のことになる。冷凍冷蔵設備のない時代、舟に搭載できる食品のうち生鮮品はごくわずかで、大半は塩漬けか、砂糖漬け、酢漬け、乾燥品、燻製品、またはカビや細菌など微生物を利用したものだった。肉はすべて塩漬け（奄肉）で、脚気予防のため生で食べる習慣もあった。冷凍機が考案されるよりも以前に缶詰は製造されていたが、鮮度を維持するには冷凍冷蔵設備の実用化を待つほかなかった。

民間での冷凍冷蔵の歴史にもう少しふれる。

一八九四年になってアメリカで鮭を凍結してイギリスへ送ったのが成功し、冷凍による魚類の保存が企業化できるようになった。しかし、まだ凍結が緩慢で鮮魚の状態を保つことは困難だった。

日本では大正七年（一九一八年）に葛原猪平という人が冷凍設備付運搬船を数隻建造したという記録があるが、冷凍魚が製品化するのはその後、林兼商店（のちの大洋漁業、現マルハ）、日本水産、日魯漁業等の急速冷凍技術開発によるもので、この背景には海軍の冷凍魚研究開発援助が大きく功を奏しているといわれる。

冷凍冷蔵機の考案前に発明されていた缶詰についてふれておきたい。一八〇〇年代初期、ナポレオンはヨーロッパ遠征のための食品貯蔵法に懸賞金をかけた。十年後にパスツール研究所のニコラ・アペールが缶詰の原理を考え、賞金千二百万フランを獲得する。

イギリスでも少し遅れて、肉や野菜をブリキ缶に詰めて煮沸すれば貯蔵性が増すことが考

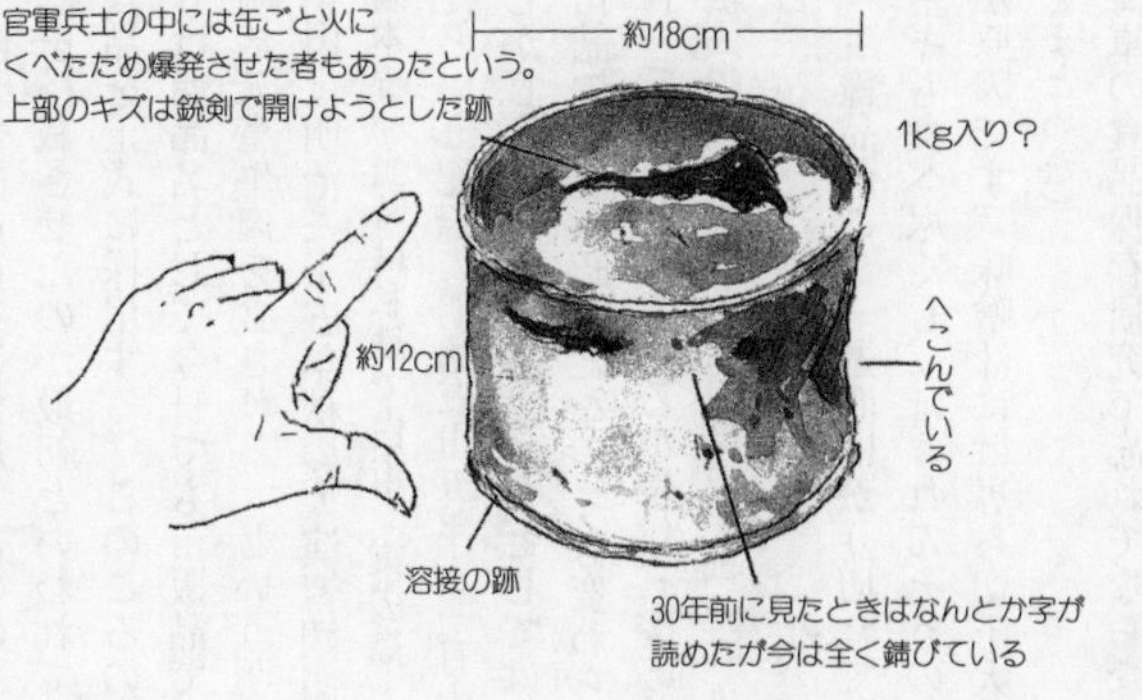
官軍兵士の中には缶ごと火に
くべたため爆発させた者もあったという。
上部のキズは銃剣で開けようとした跡
約18cm
1kg入り?
約12cm
へこんでいる
溶接の跡
30年前に見たときはなんとか字が
読めたが今は全く錆びている
田原坂記念館の官軍の缶詰

案された。缶詰が軍用食料品として実用化するのはナポレオンの死後になるが、考案された缶詰による貯蔵原理はかなり早くからヨーロッパで利用されるようになった。

日本では明治四年（一八七一年）に長崎で松田雅典という人がフランス人に教わってイワシの缶詰（オイルサージンらしい）を作ったのが最初といわれる。その六年後の西南戦争（明治十年）では仙台の中澤彦吉、村島桃太郎の二人が魚肉野菜煮の缶詰を作り、政府軍に一・三トン売り込んだという記録がある。その実物（外観）は熊本の田原坂記念館（鹿本郡植木町）で現在も見ることができる。（展示説明では「牛肉野菜煮缶詰」と書かれている）牛肉に人参、ごぼう、じゃがいもを混ぜて醬油で味付けしたもので、田舎料理のようなものと思われるが、栄養的によくバランスがとれている。

軍隊が缶詰を正式に採用するのはまだ少しあとで、明治十五年に海軍が一部の軍艦に牛肉缶詰を搭載させたのが最初といわれている。陸軍は日清戦争直前の明治二十七年になって缶詰食品を正式に採用する。このころの缶詰はほとんど「牛肉大和煮」だったようで、その名残りは商品名として今日でも市販品で見ることができる。

「明治天皇牛肉を食される」という明治五年一月二十四日の記録はすき焼き肉だったが、缶詰牛肉は明治三十五年秋の大演習観閲のための九州への車中、山陽鉄道（現在のＪＲ西日本山陽本線。当時は私鉄で白市《しらいち》（東広島・西条の東二つ目の駅）付近を通過中に副食としてとられたという記録（明治三十五年十一月十六日付大阪朝日新聞）がある。

しかしながら、缶詰は兵食としてはあまり歓迎されなかった。

缶詰の評価は昭和になっても変わらず、『海軍主計大尉小泉信吉』（小泉信三著、文藝春秋社刊）でも、父君である小泉信三慶応義塾塾長に宛てた特設砲艦八海山丸小泉主計長からの手紙（昭和十七年九月、この手紙の二ヵ月のちに南太平洋上で戦死）に、つぎのような文面がある。

「生糧品がここ一週間ばかり切れて毎日缶詰が主の食事をしています。ジャガイモ、タマネギも食べ尽くし、ほうれんそうの缶詰などが出るようになりました。給糧艦が来ないのが原因です。味噌汁には専ら切干大根が使われています」（注、長い文面のため筆者が要旨をまとめた）

海軍の食品保存研究で忘れてならないのが乾燥食品。食べ物を乾燥して保存する方法は昔からあるが、昭和の陸海軍は乾燥野菜の開発に力を入れた。

陸軍は満州事変後に川島四郎主計少将が中心になって研究し、玉露の製造法からヒントを得て野菜の葉緑素を保つ方法に一応の成果をみている。

海軍ではやや遅れて研究に着手し、トンネル状の加熱乾燥機を使って、ほうれん草、小松菜、みつば、蓮根、里芋、人参などを急速乾燥させる方法、また、醤油や水溶きした味噌をノズルで噴射させて粉末にする方法、卵を熱風の中で遠心分離して粉末にする方法のほか、真空乾燥や乾燥剤を用いた食品の応用を研究したが、大きな成果を見ないまま終戦を迎えた。

これらの研究成果は戦後になって南極観測船の非常食や南極での食料として応用され、現在はインスタント食品（コーヒー、カップめんの野菜など）でも広く利用されている。

それにしても、一四九二年にコロンブスが新大陸を発見したときのサンタ・マリア号はわずか八十トン、全長二十六メートルの帆船にすぎない。清教徒の新大陸への移住船メイフラワー号になると、大航海時代が終わり、地球や海洋の全容がほぼ解明されたころとはいえ、一六二〇年九月、乗員百四十人がイギリス南西岸を出発、二ヵ月以上かかって大西洋を横断したこの帆船は、長さ二十九メートル、百八十トンだった。すし詰め状態での六十五日の航海は難民船そのもので、保存できる限られた食品をどう使ったのか現代でも謎である。

4 「夜明け前」の軍艦の食事〈鍋釜持ち込み、七厘で煮炊き〉

島崎藤村の長編『夜明け前』のとおり、明治維新は食生活の面でも夜明けだった。明治の海軍は徳川幕府の海軍伝習所がその前身で、航海術や砲術はもとより、軍艦（この時代は帆船）操法のすべてをオランダ流の教育に依っていた。ここでは明治海軍が誕生するまでの海軍を「幕府海軍」と称する。

蛇足であるが、いまも海上自衛隊で使っている航海用語「ヨーソロ」も幕府海軍の用語。一八五三年ペリー来航、その二年後の安政二年（一八五五年）、長崎に海軍伝習所が開設するや使いはじめた航海用語の一つが「宜しく御座候」（現在の針路でよろしいの意）。どういうわけか、明治海軍から大正、昭和を通じてそのまま「ヨーソロ」が使われてきた。そしていま、最新鋭の艦隊防空システムを装備するイージス艦でも艦橋で艦長をはじめ、航海長、当直士官、操舵長などが百五十年前の「ヨーソロ」を発しながら航海している。なんと、古くても便利な言葉。

幕府海軍に話をもどそう。

オランダ海軍カッテンディーケ大尉主導によるオランダ式教育は食事も洋式で、とくに毎日食べさせられる塩漬牛肉には日本の研修生も閉口した。もっとも、これはオランダに限ったことではなく、帆船海軍時代はどこの海軍も乾パン、豆（主に豌豆《エンドウ》）、塩漬牛豚肉が中心で、これにチーズ、バターがいくらか加わり、壊血病予防のためレモンやライムジュースが搭載されていた。

最新鋭のイージス艦でも
江戸時代の号令をそのまま使っている

そうなると、飯に味噌汁、漬物の食習慣が染みついたサムライたちが考えたことは自炊しかない。乗艦時にそれぞれ七厘と手鍋を持ち込み、飯を炊く者、汁を作る者、たくあんを切る者がいて、上甲板でウチワをパタパタあおぐので、今度は教官のオランダ人が閉口したという話が伝わっている。

大体、江戸時代末期の日本人はどのような食生活をしていたのだろうか。貧富の差がはげしく、士農工商の身分制度もつよい時代で、地域差も大きいため、この時代の平均的な食生活を述べることは難しいが、どのようなものが食べられていたかがわかれば、その一端を覗くこともできそうである。

まず、日本人にとって主食ともいうべき五穀。

白米常食はごく一部の階層で、一般には、米、麦にあわ、

明治５年の国内栽培西洋野菜の例

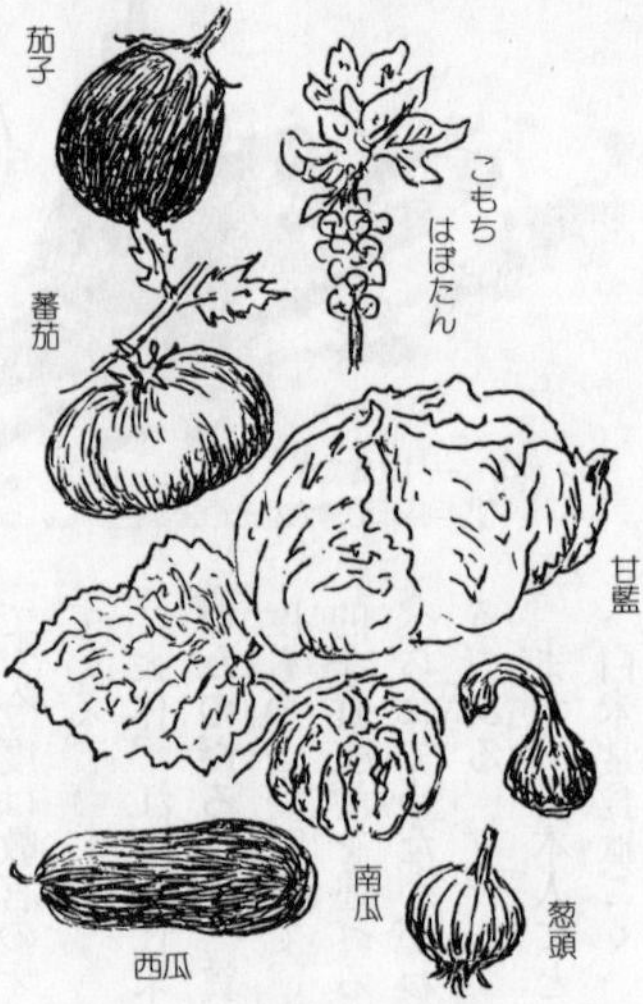

ひえ、そばなど雑穀を加えたものが普通で、家族でも家長は白米、その他は米麦の挽割り飯という因習による食べ方もあった。小麦粉から作るパンは外国人居留置以外では見ることもできなかった。万延元年（一八六〇年）には横浜で日本人によるパン屋が開業するが、生地の作り方を知らなかったためパンには程遠い代物で、まるで生焼けの粘土のようだったという。

明治になるまで家畜はまだ忌避習慣がつよく、一般に食べるのを憚《はばか》る向きがあったが、江戸後期には牛肉の味噌漬なども商品として生産されていたという記録もあるので、猪、鹿、鯨、野禽類と同じく獣肉類の食用範囲は広がりつつあったと思われる。とくに幕末になると西洋人の往来につれて横浜や神戸には外国人用の牛肉店がオープンし、また、一般人相手の牛鍋屋があちこちに開業する。一方では、「気味が悪い」といって店の前を避けて通る者もあった。魚は古くから日本人の主要たんぱく源。もちろん近海物が大半で、日本料理の原点とも言うべきさまざまな食べ方がされている。鯉《こい》、鮒《ふな》のような川魚は家庭でもよく食べられていた。ただし、流通機構不十分のため地域の差がはげしく、生魚（無塩《ぶえん》）が食べられる範囲はかぎられていた。

野菜も西洋かぼちゃなど舶来種が少しずついろいろなルートで日本に入り、落花生、キャベツ、セロリ、トマト、いちごなどの試験栽培がおこなわれていたが、西洋野菜は食べ方がよくわからないため、あまり普及はしなかった。したがって、幕末までは在来の野菜類が一般食材であったと考えられる。馬鈴薯、玉葱、アスパラガスなど西洋野菜の本格栽培は明治のアメリカ品種移入を待つことになる。

加工品は種類も多く、野菜類、豆類、魚介類にさまざまな工夫が生かされた。日本古来の食べ物が豊富とはいえ、地域特性がみられるのは当然で、総じて日本人の平均的食生活は貧しく、明治五年の徴兵令発布によって召集された青年たちはバター、チーズなどはじめての食べ物に出会い、戸惑ったと伝えられている。

「夜明け前」の幕府海軍といえば、その代表は「咸臨丸」。

幕府は日米修好通商条約批准書交換のため新見豊後守を正使とする遣米使節団を送ることとなり、一行は米艦ポータハン号に乗艦、万延元年（一八六〇年）一月、横浜を出帆する。その随伴艦として同じく出発するのが「咸臨丸」で、軍艦奉行木村摂津守、艦長勝海舟をふくむ一行六十六名（七十七名ともいわれるが、アメリカ人十一名の乗艦により日本人を十一名下ろしたという大佛次郎著『天皇の世紀』を出典とする）を乗せて品川沖を出港、アメリカ西海岸へ向かう。

そのときの船中積込食料一覧から主なものを取り出してみる。

咸臨丸搭載食料品（抜粋）

米＝百人・百五十日分（一人一日五合）七五石。麦＝四石。挽割麦＝二石。そば粉＝六斗。大豆＝二石。味噌＝六樽。醤油＝二石三斗。漬物＝六樽。鰹節＝一五〇〇本。塩＝三俵。梅干＝四壺。砂糖＝七樽。酢＝六斗。豚＝二頭。鶏＝三〇羽。あひる＝二〇羽。塩鮭（数量不明）。

単位が不統一で、樽もどのていどの大きさのものかわからないが、長期航海を支えた食品はこのようなものだった（日本人による初の太平洋横断を援助するという名目で乗船したジョン・M・ブルック大尉以下十一名のアメリカ人のぶんは別に用意）。

翻弄される咸臨丸（J.M.ブルック大尉が描いた絵の写し）
1857年（安政4年）オランダで建造した幕府の軍艦　350トンともいうが、排水量は定説がなく、700〜800トン説が有力

咸臨丸の厨房がどのような構造になっていたのかわからないが、ブルック大尉の記録に、「艦内のオランダ製調理場は取り除かれて米を炊く二個の大釜が据えられた。天候のゆるすかぎり火鉢で炊事。本日、自分はご飯と塩漬け魚を日本人と一緒に食べた。日本のお茶はす

ばらしい」とある。

往路は品川を出発したのが旧暦の一月十八日、三十七日かかってサンフランシスコに到着。賄い方（料理係）は二人だけだったというが、それよりなにより、たいへんな荒天航行だったようで、「時として濃霧降りて咫《し》尺《せき》を弁せず、又湿気雨衣を透し、加うるに船動《せんどう》簸《は》揚《よう》して正しく歩行する事能わず。出帆後洋中に在る事三十七日、この内晴天日光見る僅か五、六日、その苦難想うべし」（勝海舟『海軍歴史』）とあり、大活躍したブルック大尉の記録でも「艦長は寝台に寝たきり、提督も同様。頼れるはジョン万次郎のみ」とある（注、簸揚＝モミが箕《み》の中であおられるさま）。

木村摂津守の従僕として同行した福沢諭吉はなかなかの元気者で、「牢屋に這入って毎日毎晩大地震に遭っていると思えばよい」（『福翁自伝』）などと言っていたらしいが、さんざんな航海だったらしく、乗組員はとても食事のできる状態ではなかったから食料もあまり消耗しなかった。

正使新見豊後守以下七十余名を乗せた米艦ポータハン号の方も往路の時化遭遇は同じで、「とかく食も進まねば蜜柑、くねんぼなどを食しけるが、けふはあまりに空腹になりければ粥を一、二碗食したり」（村垣淡路守『遺米日記』）とあるので、同じ状況であったことがうかがえる。

咸臨丸がワシントンへ行く正使一行と別れて五月初旬に単艦帰国した復路の食料についてはさらに記録がない。米、味噌は帰りのぶんまで日本から持って行ったもので賄えたという。

アメリカで積んだ食品はさらに口に合わないものが多かったと推測できる。

そのあと、「夜明け」も目前の慶応元年二月、時の軍艦奉行から幕府各軍艦宛て航海時の糧食支給についての示達が出され、翌年、船中での基準献立が示されている。

〈品川沖碇泊中船中御賄（慶応三年六月定）〉（注、品川停泊中の船の献立の意）
朝＝米飯、汁、香の物。昼＝米飯、香の物。夕＝米飯、香の物。
右之菜代トシテ一日銀七匁五分ヲ被下外国行ノ場合ハ二十二匁五分被下候事。
（食事代として一日銀七匁五分を支給。外航の場合は二十二匁五分とするの意）

幕末海軍の食事について詳しく述べるのは、このような「糧食」を官給とする制度の思想が基本的に明治海軍に受け継がれ、昭和の終戦までつづき、さらに戦後誕生する海上自衛隊までつながっているからである。

それにしても、幕府海軍の標準献立は質素ではある。むしろ、もう少しましな食材はないのか、と思ったりもするが、この通達は、示された食糧だけは幕府で保証しようという意味で、他の食品は適宜自弁で食べてよいということだったともとれる。

新政府の海軍が旧制度を刷新せず、幕府の糧食制度をそっくり基準にしたというところがおもしろい。

5　和洋折衷の工夫と海軍式カレー

〈ビーフカレーから伊勢海老カレーまで〉

アメリカ・東インド艦隊司令長官ペリー提督53歳の肖像
"黒船" 4隻を率いて浦賀に来航、太平の眠りを覚ました
国交を開く最大の目的は捕鯨基地をつくることにあった
ともいう

西洋料理は明治維新とともに急速に普及したことは確かであるが、その前から牛肉屋が開業したり、パン屋ができたり、西洋料理店さえできていたので、日本人が洋食になじむようになるのは時間の問題だった。

ペリー来航以降から江戸時代末までを通常「幕末」というが、たしかに、文化、文政、天保、弘化、嘉永、安政、万延、文久、元治、慶応と、明治を迎えるまでの約六十四年の歴史をみていくと、嘉永六年（一八五三年）六月の黒船来航を境にして日本は動きがとれない状況に追い込まれ、社会変化とともに生活様式まで大きく変貌する姿がよくわかる。軍備から服装まで洋式化していくなかで、食生活も影響されていったことは当然のなりゆきでもあった。

こういう状況のなかで明治になり、文明開化で国民も洋風文化に接することになるので、食生活面でもさまざまな日本式洋食が生まれることになる。コロッケ、あんぱん、トンカツ、ハヤシライス、チキンライスがよい例である。

コロッケは大正五年ごろ家庭惣菜として大流行した料理であるが、クロケット（croquette）といって、肉や魚類、野菜にホワイトソースを混ぜて薄い形にしたものにパン粉をつけて揚げるフランス発祥の料理を応用して、じゃがいもを使ってがんもどき風にしたコロッケの原形がすでに明治のはじめには現われている。

アメリカ人が教えた料理にヒントを得てチキンライスができると、やがてオムライスが考え出されるという具合で、日本人の和魂洋才の産物ともいえる和洋折衷料理が数々あり、明治中期には、看板の謳い文句もそのものずばり「和洋折衷滋養料理」として宣伝する店（元黒門町、青柳楼）のように洋食屋が増えていく。

和洋折衷料理の典型がカレー。

カレー粉はかなり早い時期に香辛料として日本に入って来ていたらしく、明治四年に洋行した会津藩士の記録のなかに、日本国内でその前からすでにカレー粉を使った料理があったことが残されている。

舶来品のカレー粉は明治中期ごろまでしだいに国内で普及していったとみえ、各種カレー料理（カレー味噌汁というのもある）の中にカレー汁を飯にかけて食べるカレーライスの原形もあるが、宮内庁大膳職にあった日本料理の専門家による明治三十一年ごろの料理がもっとも今日のカレーライスに近い形のものにつながっていったようである。

現在、日本で食べられているカレーのルーツがインドや東南アジアにあるらしいことはわかっているが、「ジャワカレー」などといっても、実際にインドネシアへ行って、「なるほど、たしかにこれだ」というカレーライスに出会うことはできない。インドカレーも同じ。

明治三十六年になると国産初のカレー粉が発売、大正時代にはカレーライスはすでに大衆料理になっている。大衆化する一方、昭和二年に新宿中村屋が売り出した純インド式〈カリー〉によって高級料理のランクにも入った。現在、東銀座「ナイル」（歌舞伎座北裏）のチキンカレーの独特の食べ方は、その点でインドカレーの原点を感じさせてくれる。

さかのぼって、明治海軍は幕府時代の制度をもとに糧食政策に手をつけるが、本格的に洋食メニューを取り入れた兵食が充実するのは明治四年以降で、そこには獣肉の食用にともなう香辛料の使用が大いに関係している。生肉の保存のため欧米のやり方を倣《なら》ったものである。

明治十七年の「艦船営下士以下食料給与概則」には兵食として支給する食料のなかに「香料」、つまり香辛料が入っている。肉食に付随して多くの香辛料が使われるようになったのは当然のことで、個々の香辛料についての明記はないものの、その中にカレー粉もあったことは想像に難くない。陸軍でもこの時期に「辛味入り汁かけ飯」というものがあった。とりもなおさずカレーライスになる前の姿である。

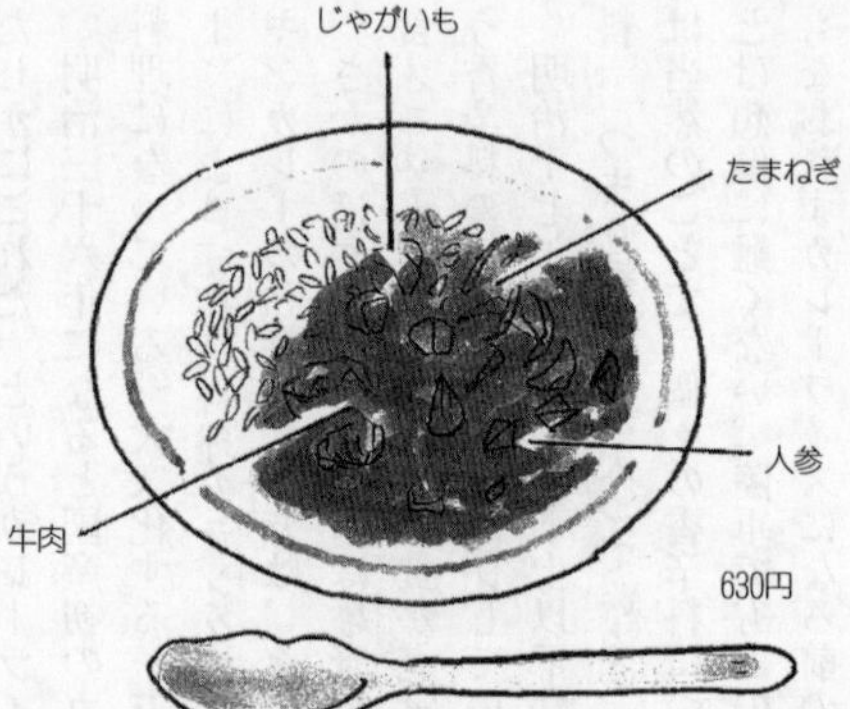

広島市内のカレー専門店の「海軍カレー」
要するにオーソドックスな日本的カレー

ここではカレーのルーツを掘り起こすのが目的ではないので、時代が飛ぶが、カレー粉を使った献立で、はっきりしている昭和初期の海軍カレー料理についていくつかを紹介する。

昭和四年から三年間かけて海軍経理学校が研究調理をかさね、厳選のうえ実際に艦船部隊に適用できると判定された献立集が昭和七年三月に編纂されている。そのなかからカレー料理をピックアップしてみると、つぎのような献立がみられる。

ライスカレー＝あさりカレー、チキンカレー、伊勢海老カレー。

カレー調味料理＝小えびカレー煮、魚のカレー焼き、あじのカレー焼き、豚と馬鈴薯のカレー煮。

品数が少ないようであるが、通常のメニューに加えた経理学校推奨料理なので、それまでにはなかったカレー料理であると思われる。その他の一般メニューにはビーフカレーや豚肉カレーがあるので、カレー粉の使用はすっかりなじんでいたうえでの追加料理とみることができる。

なお、このレシピでは「ライスカレー」とある。今日では「カレーライス」というよびかたが定着して、「カレー」というだけでご飯にかけて食べる一品料理の代名詞となっているが、ライスカレーもカレーライスも結局は同じもの。戦前は一般の家庭では「ライスカレー」ということが多かったようである。ハヤシライスを「ライスハヤシ」とはいわなかったが、こちらはルーツそのものがちがう。蛇足ながらCurry and RiceまたはCurried Riceは日本式カレーに対して、のちに名づけられた英語で、英語圏でも十分通用する。

今日みると、海軍のカレー料理もまだ研究不足だったと思えるところもある。たとえば、カツカレー、野菜カレー、シーフードカレー、卵カレーなど現在のカレー専門店にはいろいろな材料を使った特色のあるカレーが三十種ちかくある。広島市内の某カレーチェーン店に海軍カレーというメニューがあったので食べてみると、ビーフ、じゃがいも、人参、たまねぎが主材料の素朴な味で、「もっとも昔風のカレー」という説明書きにもうなずけるところがあった。

調味料としてカレー粉を使えばカレースープやカレー味てんぷらなどもできるが、昭和初期の海軍料理書にこれらのメニューがないのは、海軍といえども、まだそこまで料理の研究が進んでいなかったとみてよい。一般家庭のカレーといえばうどん粉を炒ってカレールウを作るのが普通で、途中までは手が離せない。どちらかというと案外面倒な料理でもあった。いまでこそカレーは簡単料理の代表のようになっているが、それはインスタントルウのおか

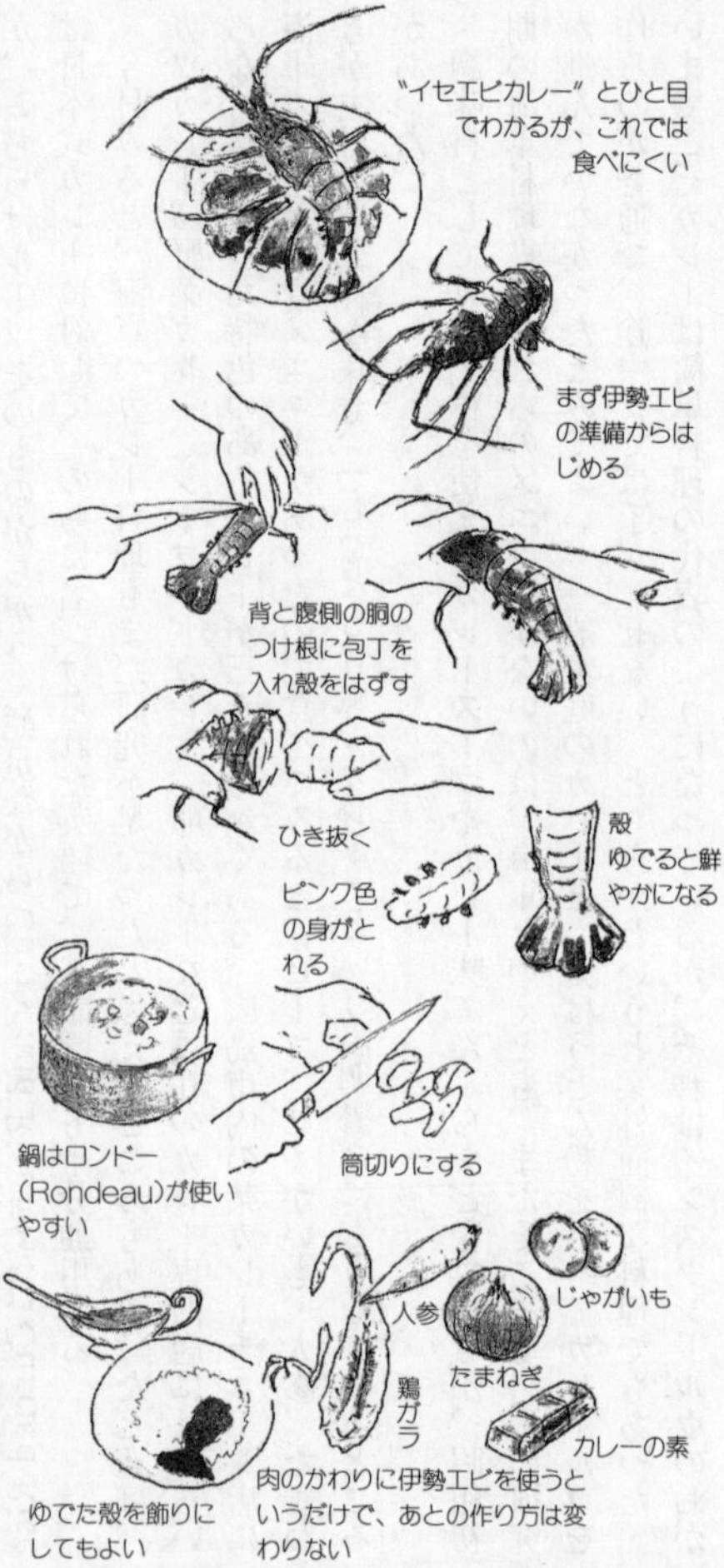
“イセエビカレー” とひと目でわかるが、これでは食べにくい
まず伊勢エビの準備からはじめる
背と腹側の胴のつけ根に包丁を入れ殻をはずす
ひき抜く
殻
ゆでると鮮やかになる
ピンク色の身がとれる
筒切りにする
鍋はロンドー(Rondeau)が使いやすい
じゃがいも
人参
たまねぎ
鶏ガラ
カレーの素
ゆでた殻を飾りにしてもよい
肉のかわりに伊勢エビを使うというだけで、あとの作り方は変わりない

げによる。「手軽にできるカレーの素」というのは昭和五年ごろからあったが、本格的な家庭用固形即席カレーが発売されるのは昭和二十九年のエスビー食品の製品をもってはじまりとされている。

それにしても、「伊勢海老カレー」とは、いったいどんなカレーだったのだろうか。ここで想像を交えて海軍式伊勢海老カレーの作り方をイラストで紹介してみよう。ただし、伊勢海老はおせち料理のときなど、よほどのことでもないと普段家庭で買う食材ではない。スーパーの魚売り場へ行って「カレーに使うのでイセエビを二匹ほどちょうだい」とはいいにくい。幸か不幸か海軍料理書には献立名だけで作り方は残っていないので、実際につくるのではなく、絵で見て楽しんでもらうだけのほうが無難のようである。

カレーライスが日本生まれなら、とんかつ（ポークカツ）も同じ日本産。この義兄弟どうしを組み合わせたものがカツカレーで、日本生まれの洋食の象徴ともいえる。うどんにカレーをかけただけのカレーうどんはどうみても日本でしか考え出されない傑作料理のひとつである。うどんだけでなく、ソバにカレーを使ったのがカレー南蛮。サバのてんぷらの衣にカレー粉を使うと生臭さがとれ、南蛮風の味になる。カレー粉を使ったのを南蛮風と日本でいうようになったのは、ポルトガル人やオランダ人が日本で使ってみせたからかもしれないが、そうなると幕末や明治の話ではなくなるので、ここではわかっているだけの時代にとどめておきたい。

カレーライスやカレー粉を使った料理はどれも民間で考案され、普及したものであるが、海軍が献立に積極的に取り入れたことは、人口に膾炙《かいしや》されるきっかけづくりに大いに功があったと推測できる。

なお、カレーにはきまって福神漬やラッキョウ漬がつけあわせになっているのは、洋食の揚げ物やサンドイッチなどに添えられていたピクルスの応用で、こちらも純日本食品を応用したすぐれたアイデアではある。とくに、福神漬は明治十九年ごろ東京下谷の某物菜店主がたくあん、かぶ、うど、しそ、なたまめ、しいたけ、なすの七種を使って七福神になぞらえて作った漬物で、日清戦争前に軍用食品として陸海軍が大量に調達した記録があり、全国普及のきっかけにもなった。

6 テーブルマナーと紳士教育〈司令長官の食事は生演奏付き？〉

連合艦隊司令長官の軍艦「長門」での停泊中の昼食。長官公室には参謀長はじめ司令部参謀の面々。「長官入られます」という従兵長の声。一同姿勢を正すと、山本五十六長官が静かに入室。長官がナイフ、フォークをとると同時に上部甲板から軍楽隊のＢＧＭ、しかも生演奏。

連合艦隊司令長官の食事はこういう情景だったと伝えられている。この情景の中に日本海軍の体質や哲学が象徴されているように思われる。

食事のときに音楽を演奏させたというとまるで王侯貴族のようだが、そうではない。

軍楽隊は職業柄、普段の日課は音楽の練習が仕事。どうせ訓練するなら、ちょっと時間をずらして食事時間に仕上げの演奏をすれば、食べるほうも楽しく、聴いてもらえる相手もいるから軍楽隊も真剣にならざるを得ない。下士官兵には厳しい艦隊勤務の合間を縫って生演奏が聴ける憩いのひととき、というきわめて合理的な考えからできたものである。

演奏曲目も「軍艦マーチ」など軍国調のものではなく、「越後獅子」「元禄花見おどり」とか「支那の夜」あるいはガシューインの「ラプソディ・イン・ブルー」のような当時流行《はや》っ

戦艦「長門」。大正９年、呉海軍工廠で建造。32,720トン。改装後、39,130トン。戦後、ビキニ環礁でアメリカの核実験に使われて生涯を終えた

停泊中の戦艦「長門」と山本五十六長官

ていたアメリカンミュージックなど食事にも合う曲だった。

長官がナイフ、フォークを手にした瞬間に指揮棒が下りるという微妙なタイミングはマネジメントの延長で、いかにも海軍式マナーに類する気配り、気遣いである。従兵長がさりげなく信号で軍楽隊の指揮者へ長官の動作を伝えるのは携帯電話のない時代、みごとというほかない。

兵学校生徒の精神教育の基盤は「五省」として知られる東郷元帥の遺訓、勤務や日常の儀礼、マナーの実際は昭和十八年海軍兵学校再編の『礼法集成』で見ることができる。とくに『礼法集成』には宮中での心得（当時はそういう礼式も必要だったのだろう）から艦船での礼式、日常勤務でのマナー、外国人に対するエチケット、食事のマナーに至るまで具体的に記されている。

（注、「五省」は一日の生活態度を省みるため海

兵生徒が夜の温習後、自問自答する言葉。「至誠に悖《もと》るなかりしか」「言行に恥ずるなかりしか」「気力に缺《か》くるなかりしか」「努力に憾《うらみ》なかりしか」「不精に亘《わた》るなかりしか」）

「五分前の精神」「出船の精神」といった基本的心がけはもとより、立ち居振る舞い全般にわたっては『躾教育覚書』により細かな指導がされた。食堂へ行くのに走ったり、雨が降り出したといって駆け出したり、トイレでの会話といったみっともない行為はとくに嫌われた。海軍にいた人は考え方がスマートだ、といわれたのは躾教育を身に付けた人が多かったからであろう。兵学校生徒出身者ばかりでなく、一般大学からの短期現役予備士官（短現といって、大学卒業生が海軍中尉に任用される制度）や一般徴用兵として海軍の飯を食った人たちも大小の差はあれ、この精神を教え込まれた。

戦後のラジオ全盛時代のNHKアナウンサーだった幾瀬勝彬氏は、早大在学中に海軍飛行科予備学生を志願、わずか三年足らずの体験が一生、海軍式生活になったと述べている。（『海軍式気くばりのすすめ』光人社）とくに土浦航空隊で、オフィサーの心得として「一緒に食事をする人への気づかいと食事をつくってくれた人への心づかいを忘れるな。ほめるのはよいが、それ以外は口にしないのが海軍士官のたしなみ」と指導されたことは、ほかのことにも通じるマナーとして、その後の社会生活で役立ったといっている。

こういう海軍出身者はかなりある。十八年兵（昭和十八年徴用兵。このころになるととくに苛列な教育を受けた）でも「精神注入棒で、いいところばかりでもなかったが、それでも海軍で学んだことは多い」と懐かしむ人が断然多いのは不思議ではある。

礼儀作法教育の一環としてテーブルマナーはとくに重視された。明治以来、遠洋航海や外地勤務の多い海軍にとっては大切な作法であり、また、賓客を迎えて食事を饗応するということもあるためテーブルマナーばかりでなく、サービスマナー教育にも力を入れていた。洋食の食卓作法を重視した背景は海軍創設の明治にさかのぼる。国際的に通じる教養とマナーを身につけた海軍士官養成が急務だったからである。海軍大臣から、海軍士官は努めて築地精養軒の洋食をとるように、という達しが出るくらいだから、マナーの習得は大切な士官教育のひとつだった。

食卓作法の教育がどのように行なわれていたのか、昭和十年前後の例で紹介しよう。

まず、テーブルマナー、つまり食べる側の作法である。

江田島の海軍兵学校では最上級学年である一号生徒が卒業間近くなると、各種実習の中にフルコースの洋食を食べる「食卓礼法」があり、生徒にとっては楽しみの授業だった。その日が来ると、通常礼装（白手袋）で生徒館北の高台にある水交社のレストランに行く。この赤レンガ造りの洋館は戦後、連合軍の接収期を経て海上自衛隊第一術科学校が管理し、食堂、宿泊施設として昭和五十年代まで使用されていた。この建物の西側に高松宮宣仁親王が五十二期生徒として大正十年から起居された宿舎高松記念館がある。

テーブルには作法に則《のっと》った皿、ナイフ、フォーク、スプーン、グラス、ナプキンが整然と並べられている。あらかじめ教わった作法でテーブルに着くと、ヨーロッパ留学の経験がある教官から説明を受けながら実技に入る、という具合だった。昭和十三、四年ごろまでは実際にフランス料理が出される授業だったようであるが、情勢が険しくなるとそうもいかなくなった。

昭和十二年四月入学の海兵六十八期生が十五年八月に卒業する直前の授業では、テーブルマナーはすでに手抜きになっていたようで、豊田穣氏の著『江田島教育』（新人物往来社）では、ひととおりもっともらしい講義が終わったので、いよいよフランス料理が食べられるとそのつもりになったら、教官が、「諸君も承知のとおりの近時の食糧欠乏に鑑《かんが》み、今回は手続きのみとする。ただし、スープだけは水をもって代用する」というので、がっかりしたことが述べられている。「武士は食わねど高楊枝」とはいうものの、その心境察せられる。

海軍では、この「手続きのみ」がよく使われた。訓練を「やったことにする」のなら喜んでも、フルコース料理を「食べたことにする」というのでは、なんとも気の毒である。

その点、主計科教育の総本山である海軍経理学校は職務の専門性もあって、洋食食卓作法の指導に当たる嘱託を置き、また、学校が築地という地の利があったためか、兵学校生徒と同列の同校生徒には東京会館および二葉亭でかなり遅い時期まで「本物」のテーブルマナー研修を行なっていた。下士官兵のサービスマナー教育との関連もあったと思われる。

経理学校で洋食食卓作法教育に功のあった北川嘱託は戦後、東条会館（半蔵門）の調理担当重役となり、海上自衛隊になってからも遠洋航海に行く新任幹部のテーブルマナー研修に協力してもらっていた。筆者の遠洋航海前（昭和四十年六月）には東条会館で昼食はフルコースの実習、午後は裏千家塩月弥栄子師匠の客室で茶の湯の体験という研修メニューを経て、半年間の北米、南米方面への航海に出た。もっとも、研修成果がどのていど身についたのかは不明である。教育は長期的視野で評価されるもので、いま思えば感謝すべき研修ではあった。

食べる作法もさることながら、サービスするマナーのほうがよほど難しい。正式なサービスマナーはほとんど主計科員の担当なので、新兵教育中に教育団で一応教わり、経理学校に進むとさらに時間をかけて教育が行なわれた。経理学校が教えていた給仕法をそのまま教科書から転載したものが左である。旧漢字や古い送り仮名があるものの、現在ホテルで行なわれているサービスマナーと基本的には同じことを昭和のはじめに教えていたことがわかる。

〈給仕法〉　給仕人の員数は会食者二十名につき五名となし、其のうち一名は飲料係に他の四名を料理係とするのが適当である。給仕を命ぜられた者は身体及び着衣を清潔にし、動作は懇切機敏を旨とし、いやしくも会食者をして不快の感を抱かしめる様なことがあってはならぬ。而して給仕人は通例冬季に於いても夏衣を着用するのである。給仕長は豫め給仕人の受持区域、佇立位置等をしらせ置き、給仕長の眼球或いは指先の動きによって一斉迅速に動作し得る様に訓練されて居なければならぬ。

給仕長の〈眼球〉に注意というのは含蓄《がんちく》ある表現ではある。

当時の海軍の下士官は総じて優秀であったが、下級者に丁寧に教えるということをしない徒弟制度そのままの根性を持った者が多かったようである。日本人一般がそうだったのだろうが、それだけに「スマートで目先が利いて几帳面負けじ魂これぞ船乗り」にふさわしい海軍軍人に近づくことはなにより辛抱が必要だった。

テーブルマナーではどこへ出しても恥ずかしくないレベルにあった海軍であるが、通常の食事になると悠長なことをいっておれず、下士官兵の食事は、戦艦では二千人分を二十畳（約三十二平方メートル）ていどの調理室で一度に作るため料理も荒っぽく、潮汁などもいちいち魚のウロコを取っておれないので、うしお汁でなく、〝うろこ汁〟だともいわれていた。

乗組員が一堂に会して食べる大食堂があるわけでなく、出来上がった料理は内務、砲術、通信、航海、機関、主計、衛生の各科に分けられ、さらに各分隊の食卓番によってサービスされるので、乗組員の口に入るときはいい加減冷めてもいた。

筆者が海上自衛隊幹部候補生学校のころは、まだ海兵出身の教官が多く、「めしは五分」と指導された。普段はテーブルマナーとは逆行することが多いのも海軍の素顔ではある。

7 「海軍士官は精養軒で食事をとるべし」〈海軍大臣通達にふところ寒し〉

「海軍士官たる者、洋食マナーを重視すべし。しかるに西洋料理は築地精養軒を利用すべし」

海軍大臣からこんな達しが出たら、いまであればたいへんな問題になろう。政治家の口利きや特定業者のPRはすぐに疑惑の対象とされ、国会問題、証人喚問に発展しそうであるが、そこはまだ明治のこと。維新の政治家たちはけっこう公金で豪遊もしていたのではないかと考えられるが、一体に政治家は私利私欲を超えて国づくりに必死になっていた時代であった。私腹を肥やす大きな疑獄として海軍の信頼を一挙に失墜させるのは大正三年のシーメンス事件であるが、山本（権兵衛）内閣の総辞職に至るこの大スキャンダルは海軍の食事とは関係ないので、話は明治初期の精養軒にもどる。

明治五年は食生活史のうえで特筆すべき年である。

明治天皇がはじめて牛肉を食したのが一月。肉食の解禁で洋食店、牛肉店が増え、牛乳飲用が奨励され、西洋料理本も出版され、西洋野菜の試作もさかんになる。蕃茄《ばんか》といっていたトマトも食べられるようになり、砂糖と酢を使った二杯酢をかけたり、串焼きや蒸焼きにす

明治43年頃の築地付近
（東京古地図及び海軍歴史保存会資料により複製）

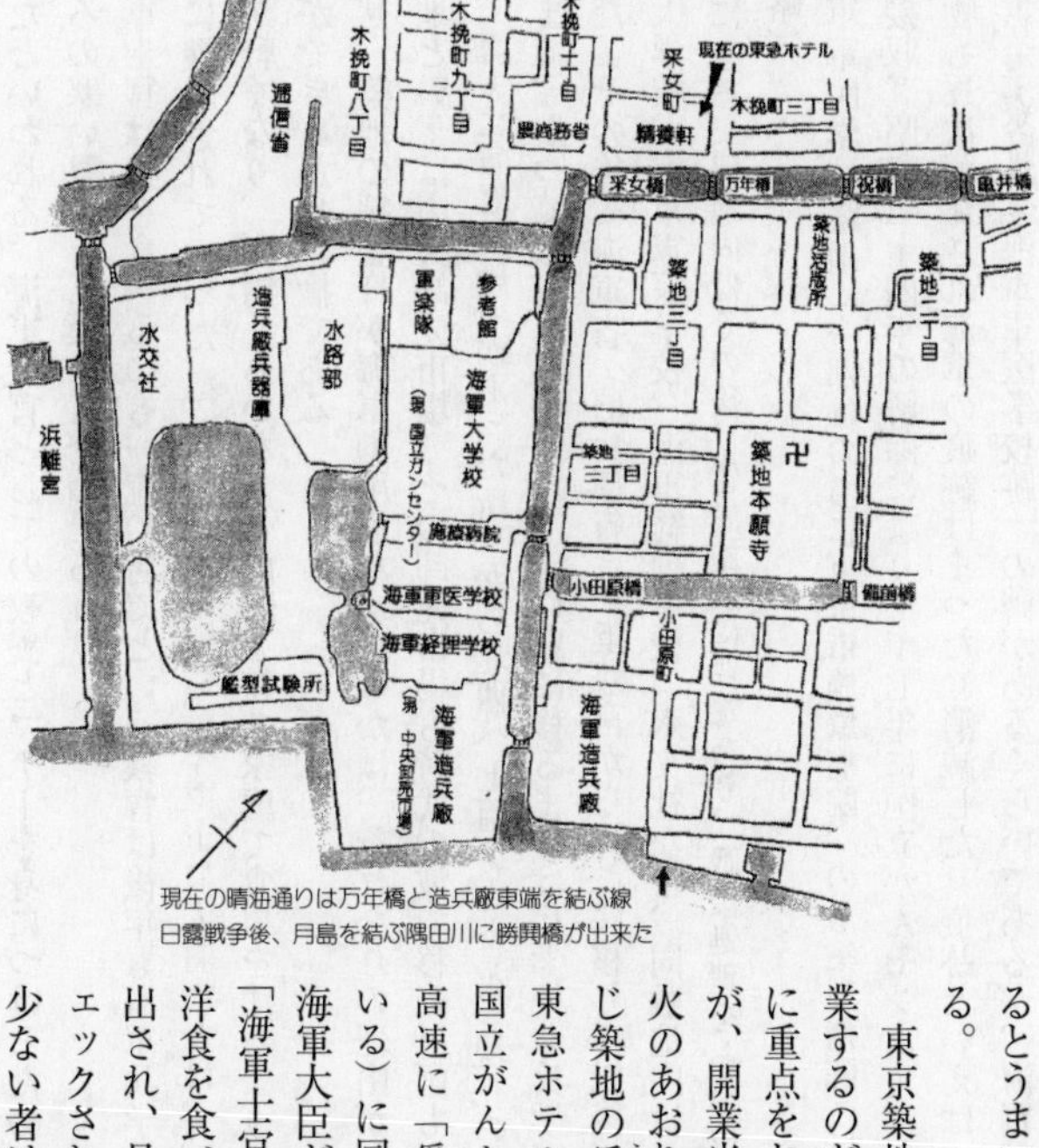
木挽町十丁目
木挽町九丁目
木挽町八丁目
逓信省
現在の東急ホテル
采女町
木挽町三丁目
農商務省
精養軒
采女橋
万年橋
祝橋
亀井橋
築地二丁目
築地三丁目
参考館
軍楽隊
造兵廠兵器庫
水交社
水路部
海軍大学校
（現 国立ガンセンター）
浜離宮
築地 三丁目
築地本願寺
施療病院
海軍軍医学校
小田原橋
備前橋
海軍経理学校
小田原町
艦型試験所
海軍造兵廠
（現 中央卸売市場）

現在の晴海通りは万年橋と造兵廠東端を結ぶ線
日露戦争後、月島を結ぶ隅田川に勝鬨橋が出来た

るとうまいという紹介記事もある。

東京築地に精養軒ホテルが開業するのが二月。フランス料理に重点をおいた触れ込みだったが、開業当日、会津藩屋敷の出火のあおりで類焼し、翌年に同じ築地の采女《うねめ》ケ原馬場（現在、東急ホテルがある場所。南側の国立がんセンターとの間の首都高速に「采女橋」の名が残っている）に同ホテルは再建される。海軍大臣が西郷従道になると、「海軍士官はつとめて精養軒の洋食を食べるように」と示達が出され、月末の個人別勘定がチェックされ、精養軒の支払いが少ない者はよびだされて注意を

受けたといわれる。海軍士官としての教養とマナーを身につけるための高い授業料には、ふところの寒い思いをしたことだったろう。

海軍士官は物を食べるにも一流の店でという教育は後年も海軍兵学校や、経理学校、機関学校に継承されていった。「ヤリクリ中尉に、ヤットコ大尉」とは、独身の間は高い外食で財布が軽くなり、大尉くらいなると所帯を持ち家庭で食事をするようになるので、いくぶん余裕ができるとの揶揄である。

なぜ、築地の精養軒が海軍御用達だったのかは、それなりの理由があるようだ。

築地といえば中央卸売市場。その卸売市場も時代の波で移転計画もあるようだが、市場の河岸（幕末に軍艦操練所があった所）から北西へ七百メートル、現在の新橋演舞場（木挽町）付近まで、かつては海軍の用地で、江戸島に移るまでは兵学校も兵学寮開設当時からここにあった。その後、海軍省（旧兵部省）が浜離宮からここに移り、以後、海軍水路部、造兵廠、海軍大学校、海軍軍医学校、海軍経理学校、水交社など、同敷地内は一大海軍施設を擁することになる（用地内はその後、建設施設に変遷あり、戦後処理をふくめると複雑になるので詳細省略）。

海軍軍医学校跡地（一部はのちに東京市施療病院、のち築地病院）は戦後、米軍の病院として接収、昭和三十四年の解除により三十七年に国立がんセンターとして生まれ変わった。旧建物も逐次解体され海軍の痕跡はまったく消滅した。痕跡といえば、がんセンター北門に「海軍兵学寮趾」「海軍軍医学校跡」の碑があるくらいであるが、海軍といえば築地、そこへ西洋料理、となれば当然、築地精養軒がお勧めレストランとなっても不自然ではなかったとも思われる。築地精養軒そのものが岩倉具視の肝煎りでできた建物で、明治の元勲もこぞってひいきにした高級料理店なので、格式からいっても日本一だった。

精養軒での食事の成果を確認することはできないが、教養とかマナーは心がけと経験によって身につくものであり、機会教育や実践の場が多いほど有効であることはいうまでもない。その点では海軍士官はたえずそのチャンスがあった。外国海軍との交歓はとくに意味があった。

太平洋戦争開戦の二年前から昭和十七年七月まで海軍省副官として吉田善吾海軍大臣の秘書官も務めた福地誠夫氏（海上自衛隊開設後、自衛艦隊司令、横須賀地方総監、海将。退官後記念艦「三笠」艦長）の『回想の海軍ひとすじ物語』（光人社）によれば、昭和十四年秋といえば日中戦争進行中であるが、まだそれほど逼迫した国際情勢ではなかったようで、海軍大臣主催による外国高官等を招いての昼食会や晩餐会がさかんに行なわれていたという。場所は主として海軍省（このころは霞ヶ関）構内にある大臣官邸が使われた。料理はほとんど洋食で、渋谷の二葉亭という洋食店が出入りし、料理も豪華なら値段も国際級だった。東京の

国立がんセンター門近くに立つ
海軍兵学寮、軍医学校碑（築地）

レストランでのフルコースが一人一円くらいのとき、海軍主催の外交用の宴会予算は一人十円から五円の間にきまっていたそうだから、相当格式の高い昼食会、晩餐会だったことがうかがえる。

築地の施設にあった水交社（海軍士官クラブ）もこのころは芝の栄町（飯倉の近く）に移っており、人数の多い宴席はそちらを会場とすることもあった。

国際的マナーといっても宴席はすべてが洋食とはかぎらなかったようで、少しくだけた招待になると純和式の料亭で日本料理ということもあった。この点では、海軍がまったく西洋かぶれではなかったといえる。

前出の福地誠夫氏には、筆者が防衛大学校訓練教官当時、同僚と二人で横須賀の中国料理店に招かれたことがある。氏が海洋少年団長をしておられた団員へのヨット、手旗信号指導のお礼の夕食ということであったが、料理にふさわしく、昭和十二年の揚子江部隊勤務時代に食べた上海料理の話が中心で、老酒の飲み方や珍しい上海料理の蘊蓄《うんちく》に聞き飽《あ》きることなく、海軍士官はさすが多方面に深い知識と高い教養が身についているものだと感じたしだいである。

〈酢鮮蝦〉生きた川エビ、老酒、ネギぶつ切り、ネギ葉、山椒、塩、しょうゆ、ごま油、肉スープ。

そのとき聞いた珍しい中国料理のひとつ。四川料理に「酢鮮蝦《ツオイシエンシア》」という川エビの食べ方があるという。名前のとおりエビを酒で酔っ払わせて生きたまま食べるのだそうで、作り方が面白かったので手帳に控えて三十数年後の先年、北京発刊の中国料理本が手に入ったので探したら、まさしく〈酒酔いエビ〉という料理があり、福地氏の話がホントであることがわかった。

築地精養軒の話の締めくくりとして、海軍主計官となる人材養成校で、海軍経理学校を取り上げないわけにいかない。

経理学校は海軍主計官となる人材養成校で、海兵生徒と同等のきびしい基準によって入学が許可され、財政、経済、法律、会計、庶務はもちろん、広く軍事学も教育されたが、部内教育機関として主計科士官、下士官兵等の専門教育も行なった。栄養・調理も重要な教育科目であったから、経理学校こそ海軍料理のメッカで、食糧制度、栄養管理、糧食管理、調理、

生きた川エビなぞ
手に入らないが、そこは
長江のこと
ねぎの葉とさんしょうは包丁で
細くたたく
エビは泥を洗い流して
ひげと足をとり水洗い
紹興酒（老酒）
この操作は
食べる
2分前とのこと
酒をふりかけ、ねぎ、さん
しょうをまぶし、ふたをし
てエビを酒に酔わせる
スープ、ごま油、醤油でタレをつくり
ふりかけて供する

食料開発、グルメ研究等を行ない、軍需部と一体となった総元締であった。

経理学校の歴史は古く、明治七年に発足した会計学舎がその後、海軍主計学校となり、明治二十一年に芝公園から築地に移って、海軍主計官練習所と名称が変わるかと思えば、一時廃止の変遷などがあって、明治四十二年四月、あらためて「海軍経理学校」として開校し、以後、終戦まで（十九年に品川に移転）七十一年の歴史を持つ教育機関であった。

兵学校が江田島という中央から遠い場所にあるのと異なり、経理学校は中央そのものの東京の、しかもど真ん中。銀座、日比谷は散歩範囲という地理の便もあって、生徒（海兵生徒と同じく士官候補生のこと）、学生（士官、下士官兵で教育のため入校している者）は文化的雰囲気を享受でき、部外講師や非常勤教官等にも著名人やすぐれた人材が得られた。昭和初期には中山伊知郎、我妻榮など当代一流の経済学者や法律学者のほか、横山大観画伯、作家の吉川英治といった大家の講義も聴けたという。海軍経理学校も入学は難関だっただけに優秀な生徒が集まり、戦後も実業界等で活躍した人が多いのは築地での教育が大いに与《あずか》って力になったものであろう。

さらに蛇足ながら、精養軒は明治九年、上野公園の開園を機に支店を公園内にオープン、洋館造りの本格的西洋料理店として話題を集めた。築地精養軒はすでにないが、現在の上野精養軒は依然として格式あるレストラン、披露宴会場としての地位を保っている。往時の海軍士官が少なくとも「精養軒」の営業活動に協力したという事実は何も残ってはいない。

8　軍艦「出雲」での艦上昼食会を再現〈トリ肉のワイン煮など、フルコースメニュー〉

昭和五年九月一日、軍艦「出雲」で催された昼食会の献立というのが残っている。その前に一等装甲巡洋艦、いわゆる重巡「出雲」について、その艦歴にふれておきたい。

日清戦争（一八九四〜九五年）の講和条約締結と三国干渉により、海上防衛力の増強がさらに緊要となった日本は、とにかく艦船建造が急務となった。この当時になると日本もかなり造船能力はできてくるが、まだ間に合わない。日清戦争で戦列に加わったわが海軍の軍艦は外国製二十三万二千トンに対して国産艦はわずか五万二百トンだったように、まだ外国に頼る時代だった。「臥薪嘗胆」の建艦時代とはこのころをいう。

国民ひとしく耐え忍び、血税をもって建造された一艦が「出雲」だった。一九〇〇年（明治三十三年）、イギリスのアームストロング造船所で建造されたこの軍艦は独仏合作による「八雲」とともに連合艦隊に編入される。明治三十六年十二月、東郷平八郎中将を長官とする連合艦隊の当時の編成はつぎのとおりで、なかでも「出雲」等六隻の重巡は世界一流の新鋭艦であった。

第一艦隊＝戦艦「三笠」以下六隻、軽巡「千歳」以下四隻、ほか二十数隻の駆逐艦等。

軍艦「出雲」
9,826トン、121m
主砲20cm連装砲2基、
定員596名（昭和13年）

大正5年当時の「出雲」。出動準備のため佐世保を出港直前の姿。艦首旗はすでに降ろされている。旗旒信号には後部マストが使われている。

第二艦隊＝重巡「出雲」「八雲」以下六隻、軽巡「浪速」以下四隻、ほか十九隻の駆逐艦等。

第三艦隊＝旧式戦艦「厳島」「松島」「橋立」の三景艦と清国賠償艦「鎮遠」、ほか約三十隻。

翌三十七年二月にはロシアと国交断絶、宣戦布告。イタリアで建造中のアルゼンチン発注の重巡二隻をロシアとの争奪戦の末に買収し、「日進」「春日」と命名され、艦隊に加わる。連合艦隊はこの年、旅順口閉塞作戦、黄海海戦等陸軍の陸上戦闘とともに厳しい戦いを経て、明治三十八年五月二十七日、バルチック艦隊との海戦を迎える。日本海海戦における上村彦之丞中将が坐乗する第二戦隊旗艦「出雲」の活躍にも触れたいが、本書の本旨ではないので省く。

巡洋艦「出雲」はその後、大正期の第二水雷戦隊旗艦を経て昭和期は第三艦隊旗艦、支那方面艦隊旗艦として上海方面で活動した。黄浦江に停泊する「出雲」など戦争画の対象になったものを現在も多く見ることができる。

昭和十九年三月、内地に帰り、「八雲」「磐手」「鹿取」等により編成されていた練習艦隊に加わったが、昭和二十年七月二十四日、米軍機の攻撃により沈没、四十五年の長い生涯を終えた。軍艦『出雲』とはそのような輝かしい艦歴のある艦であった。

海軍では明治期から初任士官の教育訓練と国際親善を兼ねた遠洋航海をおこなっていた。国際情勢によってその機会が失われたこともあったが、遠洋航海に参加する艦には外国との儀礼交歓に必要な設備（貴賓室など）や各種調度品が備えられていたことはもちろん、腕のいい料理人（主計兵ばかりでなく、雇員として平時は民間人も乗艦していた）やベテラン給仕係も配員されていたので、料理とサービスは三ツ星のレストランレベルだった。東京のさる有名ホテルのボーイ長が多数のボーイを引き連れて軍艦にサービスマナーと料理を習いにきたという話さえ残っている。

もっともこの話、多少オーバーな感じもする。たぶん乗組員の思い違いで、当時、海軍が遠洋航海前に食卓作法の実習に協

昭和五年九月一日
於旗艦出雲

午餐献立

一、前菜
一、澄羹汁
一、鱒蒸煮
一、雛雞洋酒煮入重焼
一、牛肉蒸焼附野菜
一、冷菓子
一、雑菓果

力していたホテルかレストランが見学を兼ねて事前調整のために来艦したものだったと考えるくらいでよさそうである。何事にも愛艦精神旺盛な海軍兵なので、見たままの話でも尾ひれがついたものだろう。

前頁の昭和五年九月一日の軍艦「出雲」における艦上昼食会のメニューは何らかの行事(この時期の「出雲」は第三艦隊旗艦。当日の停泊地は不明)に関連して当日の接待用に準備されたものであろう。前菜からはじまって、スープ、魚料理、鳥獣肉とつづいてデザートで終わっているので、基準どおりのフルコース洋食による昼食会であることがわかる。ただし、この献立表だけでは料理の中身がわからない。前菜には何が出たのかも想像するほかはない。

そこで、当時の海軍がレパートリーとしていた供応食用のたくさんの料理の中から、九月という季節や会食の時間(昼)などを考えて、もっとも適当と思われる献立を組み合わせてみた。

料理名は『海軍厨業管理教科書』によっているため現代の料理名と若干異なるところがあるが、難解なものには注釈を付してある。なお、作り方は『海軍厨業管理教科書』にも記載がないため、主として料理研究家として著名だった故土井勝氏の料理書を参考とした。

土井勝氏は戦前、海軍主計員として海軍経理学校でも料理を学び、戦後は関西に料理学校を設立、テレビの料理講座でも丁寧で、いかにも海軍出身らしい整備された語り口で人気を集めた。さらに不明な料理については土井氏門下の料理専門家為後喜光氏の著書を参考としてある。両大家はどちらかというと日本料理が専門分野なので、両氏の料理書が直接、「出雲」での艦上昼食会献立の作り方に結びつくものではないが、著者は防衛庁在職中、両氏に機会あって直接ご指導を受ける縁があったこともあり、海軍料理のルーツを求めるときの手がかりにしている。

〈献立と主な材料〉（海軍教科書の原文に基づき、記載どおりのフランス語を付する）

【前菜】（オルドーブル）
ハムのゼリー寄せ〈Jambon à la Gelée〉（ハム、ゼリー）
蟹サラダ〈Salade de Crabe, Laitue〉（たらばがに、レタス、アスパラガス缶、マヨネーズソース）
カナッペ三種〈Canapé〉（アンチョビー缶、鮭燻製、イクラ、パン）
【澄羹汁】
コンソメスープ〈Comsomme en tasse〉（牛すね肉、セロリ、たまねぎ、人参、パセリ、クルトン）
【鱒蒸煮】
マスの蒸し煮〈de Truite au Vin Blanc〉（広島県北産イワナ、白ワイン、クレソン）
【雛雞洋酒煮入重焼】（合鴨で代用）
合鴨のワイン煮込みのあぶり焼き〈Caneton rôti〉（合鴨、スープだし、赤ワイン、シャン

ピニオン缶）
【牛肉蒸焼附野菜】
牛肉蒸焼き　野菜添え〈Côte de boeul rôti et Asperges verts〉（牛背肉、グリーンアスパラガス）
【冷菓子】
冷マロンクリーム〈Marrons à la Chantilly〉（栗、和三盆、生クリーム）
【雑菓果】
季節のくだもの（岡山産マスカット）
【飲みもの】シャンパン、白ワイン、赤ワイン、平野水（ミネラルウォーター）

右の献立にしたがって、軍艦「出雲」艦上昼食会料理の作り方を以下に図示する（材料、数量は省略）。

参考までに、74頁に『海軍厨業管理教科書』による供応食用メニューをそのまま転載してみた。フランス語、英語ともにかなりスペルに誤記や逆さ文字があり、海軍らしくない面白さが発見できる。

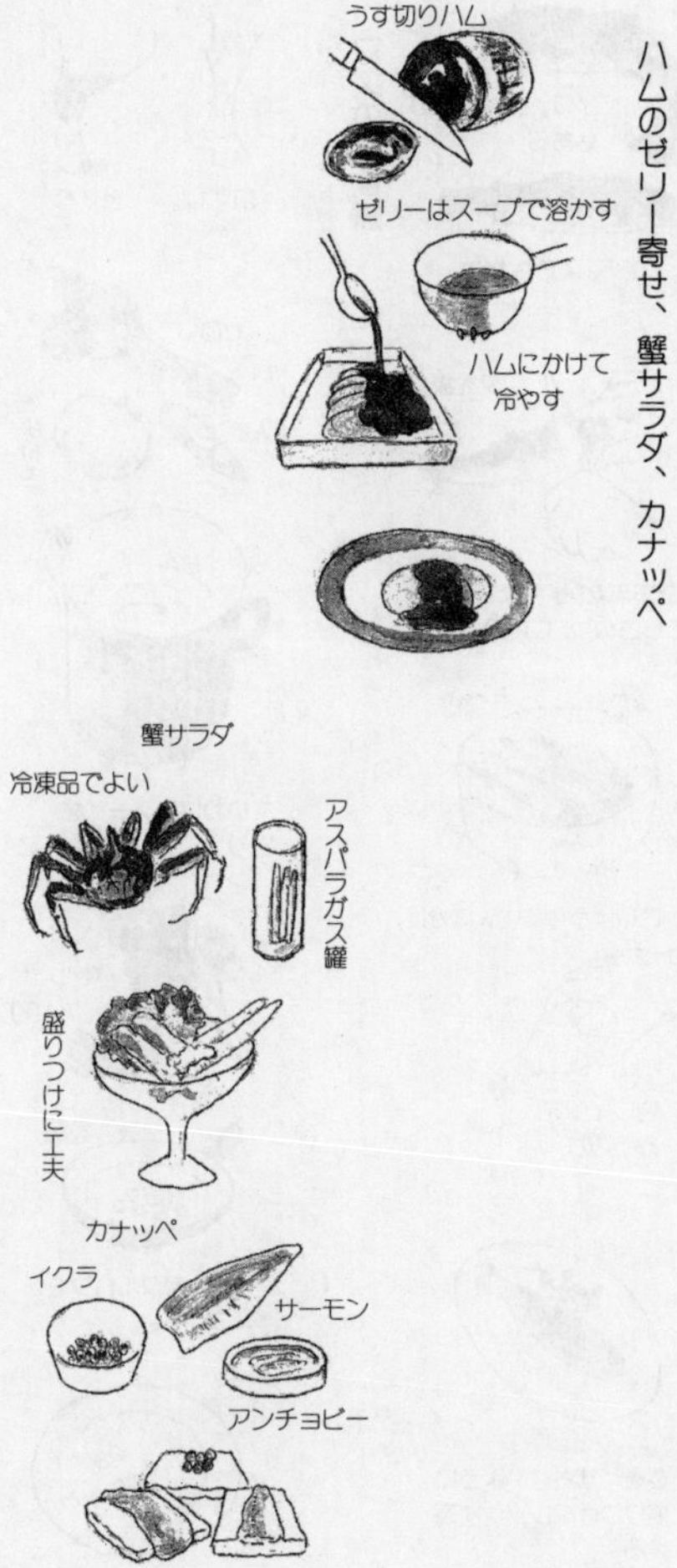
ハムのゼリー寄せ、蟹サラダ、カナッペ
うす切りハム
ゼリーはスープで溶かす
ハムにかけて
冷やす
蟹サラダ
冷凍品でよい
アスパラガス罐
盛りつけに工夫
カナッペ
イクラ
サーモン
アンチョビー

コンソメスープ

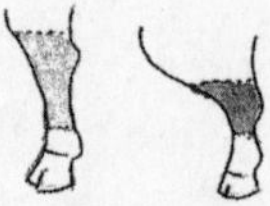
前すね
後すね

セロリ
人参
たまねぎ

ていねいにスープを
とり、コンソメ仕立てに

パセリ
みじん切り

パンでクルトンを
つくる

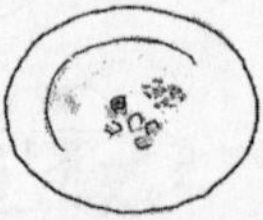

マスの蒸し煮

イワナ、養殖もの
もある
ニジマスでもよい

ワタを抜く

ニジマスの場合はエラの
うしろのウロコを入念に
とる

塩、こしょうして中火にかけ

白ワインを
たっぷり

姿をくずさないように
盛りつけクレソンを添
える

軍艦「出雲」での艦上昼食会を再現

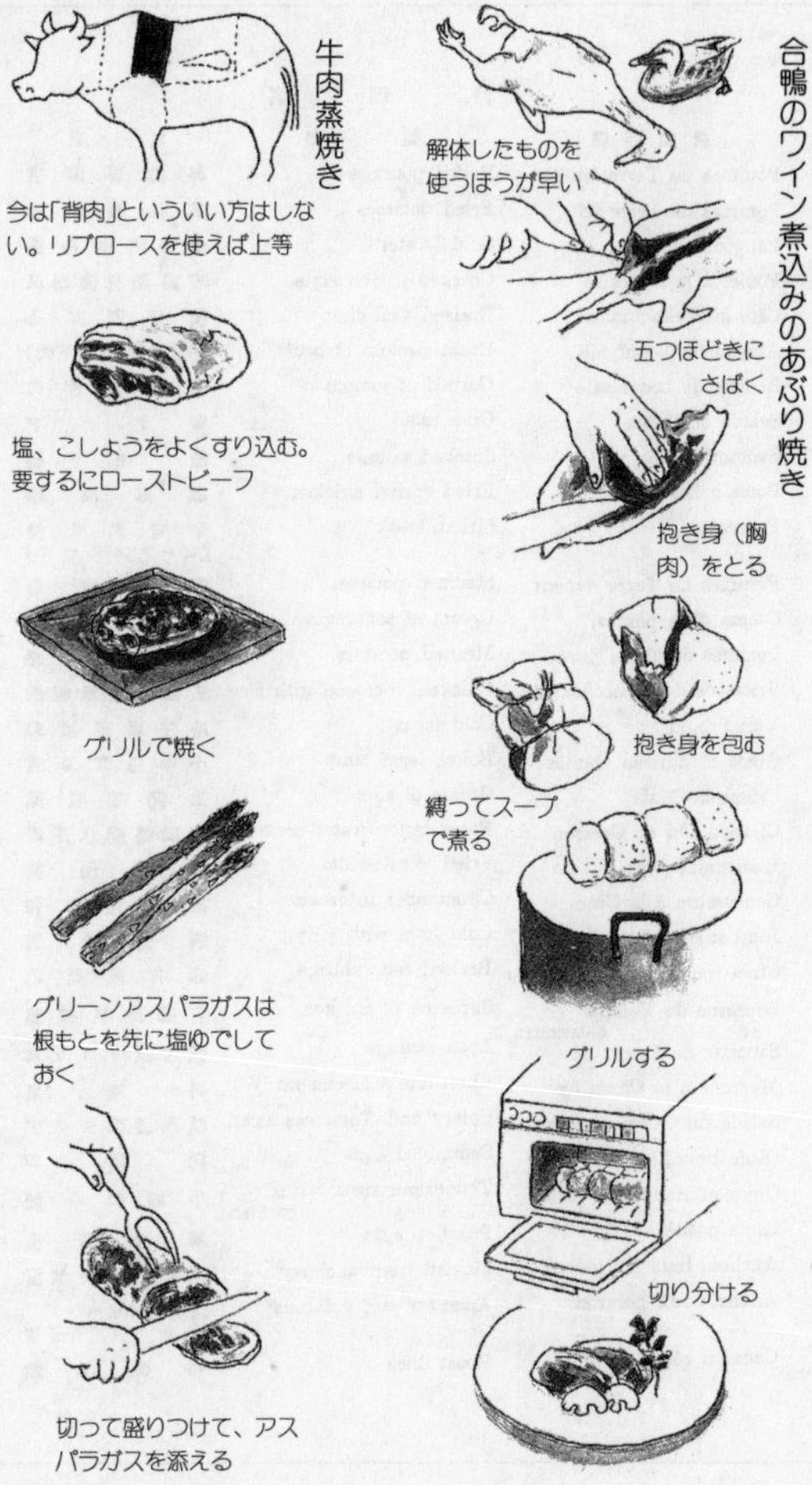
牛肉蒸焼き
今は「背肉」といういい方はしない。リブロースを使えば上等
塩、こしょうをよくすり込む。要するにローストビーフ
グリルで焼く
グリーンアスパラガスは根もとを先に塩ゆでしておく
切って盛りつけて、アスパラガスを添える
合鴨のワイン煮込みのあぶり焼き
解体したものを使うほうが早い
五つほどきにさばく
抱き身（胸肉）をとる
抱き身を包む
縛ってスープで煮る
グリルする
切り分ける

料理名

佛蘭西語	英語	邦語
Pommes de Terre bouille	Boiled potatoes	馬鈴薯湯煮
Pommes de Terre frit	Fried potatoes	馬鈴薯油揚
Langousts froid	Cold lobster	伊勢海老冷製
Poulet á ｌa francaise	Chickeu fronch style	若鶏煠煮佛國風
Cête de Veau braice	Braised veal chop	犢背肉煮込
Aloyau de Boeuf rêti	Roast siroloin of beəf	牛背肉燔焼(鞍下肉)
Langue de boeuf sale	Corned of tongne	鹽漬牛舌肉
Salade de Crabe	Crab salad	蟹サラド
Saumon fumé	Smoked salmon	鮭燻製
Poussin frit	Fried sprind chicken	雛鶏油揚
Entrecôte	Sirloin stəak	牛背肉炙焼 (ビーフステーキ)
Pommes de Terre vapeur	Steamed potatoes	蒸馬鈴薯
Cıème d' Asperges	Crəam of asparagus	洋獨活乳羹
Pommes de Terre pnrée	Meshed potatoes	裏漉馬鈴薯
Fricassée də poulet au Riz	Chicken fricassée with rice	若鶏湯煮米飯添
Viand froid	Cold meat	冷牛鶏豚犢肉
Gigot d' Agneau bouille	Boiｌeb legof lamp	小羊腿肉湯煮
Crème de Mais	Oıeam of corn	玉蜀黍乳羹
Chapon rôti au Cresson	Roast capon water cress	軍鶏燔焼水芹添
Blanchailles frits	Fried White-baits	白魚油揚
Concombre à la Crèm	Cuncumber in cream	胡瓜乳酪和
Jambon à la Gelée	Cold ham with jelly	燻腿冷製
Chou rouge braise	Braised red cabbage	赤甘藍煮込
Supreme de Volaille slәxandra	Supreme of chicken	若鶏野菜被焼
Saucisse de Lyon	Lyon sausage	豚腸詰リヨン風
Marrons à la Chantｌlly	Chestnuts á la cha ntilly	栗冷菓
Salade de Celnri et Tomate	Celery and Tomatoes salad	蕪芹蕃茄サラド
Œufs brouillés	Sctambled eggs	煠鶏卵
Ohateaubriand aux garais	Tenderloin steak with garnish	牛繊肉炙焼
Œufs pochès	Poachep egßs	鶏卵湯煮
Anchois frais marinés	pickled fresh anchovy	アンチヨビー油漬
Anchois aux poivron	Anchovy aux poiʌrons·	アンチヨビー 洋唐芥子漬
Caneton rôti	Roast duck	相鴨燔焼

75 軍艦「出雲」での艦上昼食会を再現

Glace aux Fraises	**Strawberry ice cream**	苺氷菓
Epinards au Beurre	Spinach in butter	菠薐草牛酪和
Côte be boeuf rôti	Roast rib of beef	牛背肉焙焼
Poulet grillè	Grilled chicken	若鶏網炙焼
Beignets de Banane	Banana fritters	芭蕉實衣揚
Consommé en tasse	Consommé in cup	鶏清羹茶碗盛
Côtelettede Mouton	Mutton curlet	羊背肉煠焼
Asperges verts	Green asparagus	青洋獨活
Café	Coffe	珈琲豆
Sauce au Beurre	Butter sauce	牛酪掛汁
Saſade de Laitue	Lettuce salad	萵苣サラド
Salade de Betterave	Beetroot salad	恭菜サラド
Tomates etuvé	Stewed tomatoes	蕃茄牛酪煮
Chon bouille	Boiled cabbage	甘藍湯煮
Ris de Veau à la Josephine	Sweet bread à la Josephine	犢繊脂肉菜煮
Artichauts à la Grecque	Artichoke à la Grecque	朝鮮薊洋酒蒸
Boeuf fumé de Hambourg	Smoked beef of Hamburg	燻製牛肉獨逸風
Goujons à la Russe	Gudgeon russia sdyle	鯊酢油漬
Tartelettes de Thon	Tartlet of tunny	鮪酢油和重焼詰
Queue de boəuf provencala	Stewed oxtail provencale	牛尾肉煮込
Saumon et Crevette froid-moyonnaise	Cold Salmou and prawu moyonnaise	鮭車蝦冷製
Ragoûi de Boeuf	Beef steʌʌ	牛肋肉洋酒煮
Ragoût de Nouton	Mutton stew	羊肋肉洋酒煮
Chonfleurs au Beurre	Cauliflowers in butter	花椰菜牛酪煮
Huîtres Frits au Citron	Fried oysters with lemon	牡蠣油揚
Omelette	Omelet	オムレット
Pouding aux Pommes	Apples puddiug	林檎温菓
Aubərgines au Gratin	Egg-plant au gratin	茄子乾酪焼
Sarcelle rôti	Roast teal duck	小鴨焙焼
Canard sauvage rôti	Roast wild duck	野鴨焙焼
Champignons à la Crème	Mushroom in cream	洋茸乳酪煮
Cervelle villeroy	Brains villeroy	犢脳煠衣揚
Choucroute	Sauer-kraut	塩漬甘藍
Chonx de Bruxelles	Brussels spronts	芽キヤベジ
Citronnade	Lemonade	レモネード
Diudonneau rôti	Roast young turkey	七面鳥焙焼

冷菓子

剝くのは面倒なので

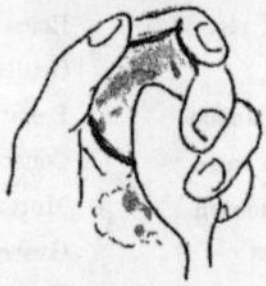

ゆでて二つ割りにし、
小さじで中身をかき出す

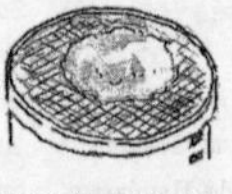

うらごしにかける

グラニュー糖でもよい

生クリームを入れて
ねる

ガラス容器などに盛り
冷やしておく

雑菓果、飲みもの

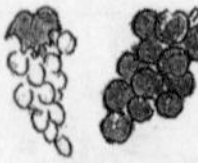

かってはマスカットがブドウ
の上級品であったが、今は巨
峰、ピオーネなどが甘く、歓
迎される

空いた手でワイン、水な
ど数本のびんを持つ

海軍が備品として
いたグラス類
麦酒(ビール)グラス
は意外と小さい

麦酒グラス シャンペングラス

葡萄酒グラス乙 葡萄酒グラス甲

台付水呑グラス リキュールグラス

9　スープだけでも二十種以上〈ヨーロッパ仕込みのスープの数々〉

トマトスープ、トマトクリームスープ、澄羹汁、鶏の澄ましスープ、オニオンスープ、南瓜のスープ、ほうれん草スープ、人参濃羹スープ、とうもろこし濃羹スープ、野菜入り鶏スープ、乾し豌豆スープ、アスペルブイヨンスープ、豌豆濃羹スープ、野菜濁スープ、蛤の清ましスープ、玉菜大根スープ、白髭昆布鶏スープ、野菜スープ、牡蛎スープ、穀粉スープ（別称病人スープ）、鯛スープ（有熱患者食）。

昭和七年に海軍経理学校が作成した「研究調理献立集」にあるスープの部からざっと抜き書きしただけでもこれだけのスープがある。

スープといえばなんとなく「コンソメ」と「ポタージュ」に分けて考えがちであるが、フランス料理ではスープはすべて「ポタージュ」というのが正しく、ポタージュの中に澄んだポタージュ、つまりコンソメがあり、とろみのついたポタージュがあり、そのとろみのついたポタージュの中にさらにポタージュがあり、ビスケやクレームがあり、スープがありというたいへんややこしい区分になり、さらにそれらの中間的なものや熱いのや冷たいのがあったりで、何がなんだかわからなくなる。

海軍でもよくわからなかったのか、逆にわかっていたのか、いろいろな呼び方をしていたようである。

以下はわかりやすくするため、現在、日本で一般に使われている区分で説明することにする。

汁物といえば味噌汁か澄し汁しか知らなかった日本人には、スープは西洋料理の中でもひときわ目立った存在だったに違いない。得体の知れないさまざまな色と味。しかもお椀でなく大きな皿に入れるというカルチャーの違い。飲むのでなく、「食べる」という感覚の料理だという。明治の人たちはよくぞ拒否反応を起こさなかったものと敬服する。

なにはともあれ、実際にどのようにつくるのか、「研究調理献立集」にある作り方の一つを原文のまま転記してみよう。

〈鶏の澄ましスープ〉

【材　料】牛筋、鶏の骨、日本葱、鶏肉、生姜《しょうが》。

【調理法】牛の筋と鶏の骨を鍋に入れて洗ひ、水に入れて火にかけ灰汁をよく取り去り野菜の屑を入れて煮立て、暫くして段々に火を弱め乍ら約一時間半又は二時間くらい炊き、布巾にて漉しておきます。別に日本葱を白髪の如く切って水に晒しておきます。鶏肉を薄切りにし、次に前のスープを皿又は器に盛って葱、鶏肉を入れ生姜の汁を少し搾って出します。味は成可く淡味に付けて出します。

溶けるように煮、裏漉しにかけて鍋に入れ、スープにて薄めて煮立て、味を調え牛乳を加えスープ皿に盛り、パンクルトンを入れて食卓に供します。

〈注意〉牛乳のないときは入れなくても結構です。新豌豆が有りますときは新豌豆の方が良いのです。


ずいぶん丁寧な説明で、これが本当に軍隊のレシピだろうかと疑いたくなる優しい言葉づかいで、恐れ入ってしまいそうである。ようするに、これは典型的なコンソメスープではあるが、最後に牛乳を入れるというのがもうひとつわからないところで、しかも「牛乳がなければ入れなくとも結構です」というのであるから、この場合は、はじめから純粋なコンソメでいったほうが西洋料理としてはいいように思われる。スープにショウガ、ネギを使うと中華スープ風の味になるが、これは好みの問題になろう。

同じく南瓜のスープというのがあるので、昭和初期に書かれた海軍式の作り方と平成十四年一般市販の料理書に示された「かぼちゃのポタージュ」の作り方を並べて紹介してみよう。


〈海軍式「南瓜のスープ」〉

【材　料】馬鈴薯大四個、南瓜中半分、バタ大匙1、牛乳1合、塩、胡椒、スープ6合。

〈十人前〉

【調理法】馬鈴薯、南瓜は皮を剝き、適当に切りて水洗ひし、鍋に入れてバタを加え入れ、炒りながら水分を蒸発させます。

湯を少量と塩を入れて軟らかく煮、裏漉しにかけ、鍋に入れスープにて薄めます。煮立てて味を調え牛乳を加えてスープ皿に盛りて供します。

（注意）南瓜は皮が軟らかければ剝かなくても差し支えありませんが、皮が堅いと裏漉しにかけてもブツブツして口触りが悪う御座います。

〈現代の一般的「かぼちゃのポタージュ」〉

【材　料】かぼちゃ¼個、玉ねぎ1個、バター大匙2、チキンスープ6カップ、牛乳・生クリーム各1カップ、塩少々。

【調理法】1、かぼちゃは皮を厚めにむいて薄切りにし、玉ねぎも薄切りにして鍋に入れます。

2、チキンスープを加えて強火にかけ、煮立ったら弱火にしてアクを取り除き、かぼちゃがやわらかくなるまで20～30分煮込みます。

3、2を浮き実用に少し取り、残りはミキサーにかけて鍋に戻します。牛乳を加えてひと煮立ちさせ、塩味をととのえます。器に盛って浮き実を入れバターを落とします。（城戸崎愛氏の手法）

わかりやすくするために、この二つの作り方をそれぞれ対比させながらイラストで示してみる。

料理には絶対的な作り方はなく、昔も今もいろいろな作り方があるので違いを見つけたからといって感動するほどのものではないだろう。むしろ時代が変わっても料理のポイントは変わらないところに面白さがあるといえる。

冒頭に挙げた海軍スープの数々は昭和初期当時の記載どおりを転記したのでわかりにくい名前があるが、羹（かん、あつもの）とは「あつものに懲りてなますを吹く」の喩《たと》えのある

海軍式作り方
深めの片手鍋
キャスロール
が使いやすい
ソトウズという
外広がりの鍋も
使いやすい
バターで炒めるように熱を
かける(焦がさないように注意)
うらごしする
煮えた南瓜はいったん
ざるにあげる
当時としては珍しい南瓜料理だった
牛乳を加えて煮る
一般的作り方
チキンスープの素を入れて煮る
たまねぎは
うす切り
かぼちゃは
厚く皮をむく
甘みの多い
かぼちゃがよい
少しだけ残してミキサ
ーにかける
六十年たっても基本
的には海軍式と同じ
鍋にもどして牛乳、
生クリームを加える

熱いおつゆのこと。澄（清）ましスープとはコンソメスープ、濃羹（のうかん）スープとはとろみのあるポタージュスープらしく、濁スープはその中間をさすものと考えてよいだろう。豌豆はグリーンピース、玉菜はキャベツである。

アスペルブイヨンスープとはどんなスープか不明。アスペルギルス・オリゼェといえば清酒醸造に使うこうじ菌の学名であるが、この場合それは考えられない。アスパラガスはフランス語でアスペルジュ（Asperge）というので、おそらくアスパラガスを使ったブイヨン（煮出し汁スープ）と考えてよいようである。海軍料理書はなかなかハイカラで、英語やフランス語も併記したものが多いが、そそっかしいところもあって、よくみると歴然とした誤記や誤植が堂々と印刷されていて楽しくなる。「アスペル」もそのひとつではないかと推測する。

注意書きをみると、ここでも「南瓜は皮が軟らかければ剝かなくても差し支えありませんが、皮が堅いと裏漉しにかけてもブツブツして口触りが悪う御座います」と、ここはえらく馬鹿丁寧な語り口。たぶん民間の料理書をそのまま引用してしまったものと思われる。海軍が料理と並行して栄養研究に高い関心を示したことが総合的に料理発展につながったのだと考えられる。西洋料理の導入は、欧米文化をなんでもいいから早く取り入れてヨーロッパの先進諸国に追いつきたいというあせり、栄養研究は船乗りに特有な壊血病や脚気対策として、という目的がはっきりしていたから目標になったのであろう。しかも、よいところは西洋かぶれにならず、日本在来の価値あるものは残して、上手に折衷できたことである。

食事も日本料理は日本料理として大切にし、和食の研究にも熱心だった。汁物（スープ）こそ特異な和風料理が見あたらないが、魚、鳥、野菜、米を使ったものには興味を覚える料理もたくさんある。スープの話題から少し離れて、そのいくつかを列挙してみよう。

〈和風海軍料理〉（海軍特有の料理というわけではなく、海軍の教科書にある料理の意）

塩鱈の山葵酢、摺身鰯の味噌焼、魚のおらんだ揚、鯉のビール煮、鯖の芥子焼、鰹の鹿煮、鮭の衛生汁、車蝦時雨焼、山鳥甘酢煮、鶏の亀汁、大根味噌漬の漬方、蒟蒻青隠元酢味噌、里芋利久和へ　擬製豆腐、座禅豆、親子煮、釈迦豆腐、葱玉子飯、錦飯、五錦飯、きな粉福神漬飯。

塩タラのわさび酢はなんとなくわかるものの、魚のおらんだ揚は〈オランダ〉というからには和風ではないかもしれないが、オランダ料理が伝播したのは江戸時代初期。天明七年刊の『紅毛雑話』にあるオランダ料理に gebakken vis（なぜか「ハクトヒス」とある）という魚の切り身を空揚げ、または衣をつけて揚げた料理が紹介されているので、もう洋風料理ではなかったのだろう。海軍の「おらんだ揚げ」はカレー粉を使ったものと思われる。鶏の亀汁は「どん亀汁」という汁物があるので連想はできる。「鹿煮」は角煮、「座禅豆」は黒豆の煮物の意。「錦飯」「五錦飯」は不明。五目飯など、混ぜご飯の一種と想像する。

釈迦豆腐というのは天明二年（一七八二年）に発行されるやベストセラーになった何必《かひっ》醇《じゅん》というペンネームの著書『豆腐百珍』にある料理で、「豆腐を中骰に切り、笊に入れて振り、角をとる。葛を粗く米粒くらいに砕き豆腐にまぶし、油で揚げる」とあり、できあがりがお釈迦様の螺髪《らほつ》のようになるところから名づけられた料理だそうである。海軍の釈迦豆腐が同じものかどうかはわからない。きな粉福神漬飯——これはどう考えてもあまりうまそうではない。

スープ類からいろいろな食文化まで類推できるのが料理の奥深いところである。

10　サラダは「サラド」、和洋折衷のいろいろ〈鮭サラダからゼンマイサラダまで〉

明治時代にはサラダはサラドと英語に近い発音をしていたようで、いかにも文明開化の匂いを感じさせる。サラダはポルトガル語に語源があるらしく、もとはサラーレといって、塩をつけて食べる料理の一種だった。

海軍では明治時代の名称をそのまま受け継いで、昭和七年ごろまでは「サラド」とよんでいた。いろいろな材料を使った〈サラド〉がメニューに残されている。昭和七年の海軍料理書から昭和初期のサラダをいくつかあげてみよう。

なお、昭和十七年の海軍経理学校の料理教科書ではすべて「サラダ」となっているので、その前に用語の改定があったのか、あるいは民間料理との関係で統一したのかわからないが、どっちにしても、作り方や中身に変わりはない。

缶詰鮭サラド、鶏卵サラド、野菜サラド、胡瓜サラド、魚野菜サラド、果物サラド、青隠元サラド、薇蕨サラド、鶏肉サラド、トマトサラド、鱈のサラド、わかめと玉菜セルリサラド、独活のサラド、たけのこサラド、伊勢海老サラド、ハムサラド、コンドビーフサラ

ゼンマイ
ワラビ
レタス
グリーンカール
サニーレタス
ロメインレタス
カキチシャ

ド。

青隠元とはさやいんげんのこと。たぶん塩茹でにしてマヨネーズソースを添えたものと思われる。薇蕨サラドの薇とはゼンマイのことで、ようするにゼンマイとワラビのサラダのことらしいが、さて、どんなサラダになるのかイメージがわかない。ワラビは灰を振って熱湯に浸したものはそのままマヨネーズで和えればサラダ感覚の一品になるが、ゼンマイはゆでたあといったん乾燥し、食べるときはもう一度水でもどして料理に使うのが普通なので、ゼンマイをどのように使ったのか不明である。鱈《たら》は日本料理では鍋物か塩焼き、味噌漬、西洋料理ではフィレにしてバタ焼き（ムニエル）かホイル焼きぐらいであるが、サラダにするにはどうするのだろうか。ゆでた身をほぐしてポテトサラダに入れるとマヨネーズやドレッシングに案外合うのかもしれない。

玉菜はキャベツの別称。昔は甘藍、牡丹菜ともいった。昭和のはじめごろまでは一般国民も「キャベジ」と、英語的発音をしていた形跡がある。わかめと和えたところに和洋折衷の工夫が見える。独活はウドで、今日でもりっぱな独立サラダではある。どちらかというと二杯酢で食べる日本料理のほうが香りが楽しめる料理であるが、たしかにサラダ向き素材ではある。もっとも、このころはグリーンアスパラガスを青洋独活（青い西洋ウド）といっていたので、海軍教科書の単純な間違いであるかもしれない。

きわめつけは〈伊勢海老サラド〉。これは士官用となっているので食事代を自己負担する金給食料制度の士官（注、下士官兵は品給で、給与にはじめから食事代が含まれている）ならではのメニューともいえる。カレーの項でも出てくる伊勢海老で、ここではサラダになって出てくる。鬼殻がついたイセエビがそのままドンと大皿に乗せられて、脇にマヨネーズが添えてあるというのではサラダというよりも「伊勢海老の鬼殻焼き」か「伊勢海老の姿蒸し」になってしまう。

たけのこサラダなど季節の食材を使ったメニューにも海軍料理らしい斬新さが感じられる。「たけのこをマヨネーズで和える」と作り方が記してある。このころマヨネーズをこういう使い方をするのはめずらしかった。当時としてはずいぶん思い切った料理である。

前記のサラダは海軍サラダの一部ではあるが、いまではありふれたサラダ材料として使われるじゃがいもも玉葱やキャベツとともにふんだんに使われている。ポテトサラダという独立した料理法は出てこないが、馬鈴薯（じゃがいも）はすっかり軍用の主要食材としての地位を得ていたようである。マカロニやスパゲッティも早い時期から使われていたので、サラダの材料はかなりバラエティに富んでいたと考えられる。

サラダ料理には今日欠かすことのできないレタスは食材としてはあるものの、あまり取り上げられていないのは艦内貯蔵では日持ちがしなかったからであろうか。

レタスは〈ちさ〉として一応食材にあがってはいる。ちさ、つまりチシャは「水分極めて多く、従って栄養価値も比較的少なしとするも、ビタミンA及びBを含有し、殊にビタミンD及びEの好個の給源なり」とある。

チシャ（萵苣）は、ようするに昨今のサニーレタスに近い葉菜で、ちりめん状の葉をした西洋チシャを指していると思われる。結球するタマレタスも明治以後輸入栽培されたが、戦前までは日本在来種のカキチシャで、下から葉を掻きとって酢味噌などをつけて食べていた。サラダは適量の塩をつけて生野菜を食べることからはじまったが、酢やオリーブ油を使うことによって変化のある料理に発展した。

マヨネーズソースの考案でさらに料理に幅が出てきた。マヨネーズの考案伝説はいくつかあるが、十八世紀以前からヨーロッパでは料理、とくにサラダのソースとして使われていたらしい。日本でも大正十四年に中島商店（のちのキューピーマヨネーズ）から売り出された瓶詰製品があったが、日本人にはなじみにくく、そのため需要は伸びず、昭和十七年には戦局の様相からケチャップとウスターソース以外は製造禁止という運命にも出会う。

海軍でははじめからマヨネーズソースは卵、油、酢でそのつど手づくりしていたが、ホテルやレストランでもそれが普通で、いまでも出来合いを使わない料理のプロが多い。その点、既製品は家庭での必需品となっている。若い年代では何にでもマヨネーズをかけて食べる食習慣も生まれ、にぎりずしやお好み焼きにマヨネーズをかける食べ方もめずらしいことではなくなった。食文化とは意外なところから発展する。

海軍料理教科書にある前掲の魚野菜サラダとはどういうものか、これも詳細は不明であるが、いくつかの資料をもとに再現してみよう。

〈海軍式魚野菜サラド〉（材料、作り方とも不明のため推定に基づく。缶詰、昔は珍しかった特殊な調味料、航海中渇望した生野菜を選んで海軍的特色を出してみた）

材料＝酢漬けニシン、きゅうり、レタス、ラディッシュ、変わりマヨネーズ。

サラダほどいくらでも工夫できる料理はほかにない。マヨネーズソースやドレッシングを混ぜれば、もうそれだけで「サラダ」。塩をすこし振りかけただけでも「サラダ」。名前の原

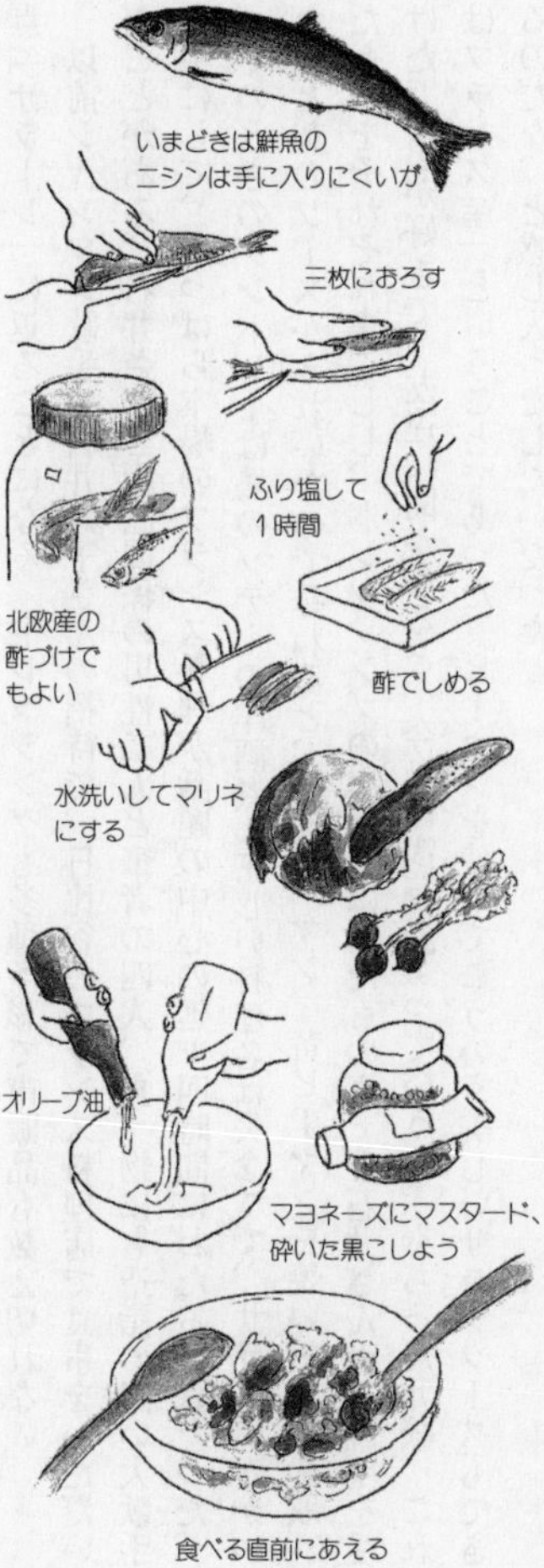
いまどきは鮮魚の
ニシンは手に入りにくいが
三枚におろす
ふり塩して
１時間
北欧産の
酢づけで
もよい
酢でしめる
水洗いしてマリネ
にする
オリーブ油
マヨネーズにマスタード、
砕いた黒こしょう
食べる直前にあえる

点「サラーレ」に返ることになる。ドレッシングも多種多彩で市販品も数え切れない。

以前シャンソン歌手の石井好子さんの招待で、日比谷のフランス料理店で食事をいただいたことがある。石井さんと劇団関係の男性二人と筆者の四人、食べ物にも造詣の深い大歌手を中にして、もっぱら本場のフランス料理が話題の中心の延々四時間にわたる夕食だった。そのときのアントレーは鳩のソテーの洋酒煮（正しい料理名は失念）で、サラダにかかった赤と黄のソースがきれいなので尋ねると、「赤ピーマン、黄ピーマンを焼いて薄皮を取ったものをそれぞれ裏ごしし、ドレッシングのベースにしたものよ」と石井さんから説明を受けた。「鳩が好きで、友達に聞かれると、今日は浅草のよっていうの。もちろん冗談。これはフランス産」ということであった。ピーマンを使ってこういう美しいサラダソースもできるのだな、と感じ入ったしだいだった。

フランスではご飯のサラダをよく食べるとも聞いた。サラダ・ドウ・リというそうである。そのときいただいた石井さんの新著『東京の空の下オムレツのにおいは流れる』（暮らしの手帖社刊『巴里の空の下……』の後編）にも、ご飯サラダのことが出てくる。簡単にいうと、温かいご飯になんでもいいからサラダをまぶすのだそうで、思いがけない味のアンサンブルだとも書かれている。

ご飯をサラダ材料にするのはいまでこそめずらしくなくなり、シーフードご飯サラダ、明太子ご飯サラダなども家庭料理本にあるくらいで、最後に炊き立てでも冷やご飯でもいいから少しなにかをまぶしてドレッシングをからめると何種類でも考案することができる。

ようするに、サラダにははっきりした定義がなくなり、いくらでも新種開拓できるということである。中国料理材料を使えば中華風、パスタを使えばイタリア風、さらに少ししゃれてオリーブ油を使ってシチリア風とか、豆腐を使って禅寺風とか、適当に命名できるところがおもしろく、作る側の個性がこれほど発揮できる料理はない。サラダは異文化料理ではなく、従来の日本料理との共通点が多い。和食の酢のもの、おひたしや和えものは明治時代に舶来したサラダと素材がちがうだけの同等品とみることもできる。

研究心旺盛だった海軍が早期にドレッシングやソースに着眼し、ゼンマイやワラビを使った「薇蕨サラド」や塩タラを使った「鱈サラド」を考えついたものだろう。当時、民間ではあまり食べ方がわからなかったコンビーフも海軍では「コンドビーフサラド」にするなど、数々のサラダを取り入れたのも一つの食文化である。

11 マカロニナポリタンも昭和初期から食卓に〈オレフ油とはオリーブ油〉

マカロニやスパゲティなどイタリアの麺類を日本ではパスタと総称しているが、原料の配合や形状がさまざまで、同じ麺類といっても日本のうどんやそばよりもずっと種類が多い。

形状から大別すると、スパゲティのようなロングパスタ、マカロニやペンネのようなショートパスタ、ラザニアのような平打ちパスタになるが、それぞれがさらに種類が増えて、ざっと五十種以上を数える。それだけ料理の仕方も違ってくるので、イタリア料理はおおざっぱなようでいて、実際は繊細な料理のようである。

麺類とはいえ食べ方が基本的に違うためか、〈西洋うどん〉は日本人にはなじみにくかったらしく、一般の洋食が幕末から明治にかけて急速に広まったのにくらべると、パスタはあまり普及しなかった。パスタはトマトやチーズとの関連性が強いが、明治初期のトマトの食べ方にも砂糖や酢をかけるとか、バターをつけて蒸し焼きするとよいという紹介はあるものの、スパゲティやマカロニ料理とむすびつけたものは見当たらない。

国内でパスタ類が家庭でも食べられるようになるのは戦後のこと。学校給食が大きく影響している。

昭和二十一年末、アメリカ軍の占領地救済援助資金（ガリオア資金）によって小学校給食がはじまると缶詰牛肉、スキムミルク、ジュースなどに混じってマカロニも入ってきた。筆者の疎開先の熊本で小学二年のときはじまった学校給食では、初日は缶詰牛肉（フレーク状だった）、とうもろこし粉（粗挽きだった）に生徒が持ち寄った野菜を入れたごった煮の中にマカロニが入っていた。全国一斉給食なので標準レシピがあったのだろう。調理責任者は用務員のおじさんで、生徒の母親が当番制で調理作業にあたった。いま考えるとうまいはずがない料理であるが、当時としてはおいしく、妙になつかしい。田舎の学校のこと、マカロニを見るのもはじめてだった。みんな面白がってマカロニの穴に箸を通して食べていた。

本格的なパスタが国内で生産されるのは昭和三十年になる。数社の大手製粉会社がマカロニ製造をはじめた。二年後には関東、関西の協会、工業会が合併して全日本マカロニ協会が設立され、三十年代後期に文部省通達で学校給食にマカロニ、スパゲティの採用がきまる。

このように見てくると、パスタは西洋料理として扱うには特殊な食材だったようで、戦前もあまり家庭では食べられることなく、学校給食までの空白期があったものと推測できる。

海軍では明治期の糧食の中に早くもマカロニやスパゲティの名が発見できる。大正七年に海軍経理学校が発行した『海軍主厨厨業教科書』（のちの『海軍厨業管理教科書』の初版で、このあと三、四年に一回発行された）に、焼物類として「チーズマカロニ」の名も見える。焼物としてあつかっているところから、グラタンであろうと推測されるが、作り方は書いたものがない。

昭和七年に作成した海軍研究調理献立集の麺類の部に「マカロニナポリタン」という献立が士官用としてあげてある。「ナポリタン」といえばパスタ料理の代名詞みたいなもの。そんなポピュラーなものが研究調理でとりあげてあるということは、そうはいってもマカロニ料理はめずらしかったということだろう。

同じ年に北九州の新聞が日本人の食卓を扱った記事に「日本人は洋食でも、中華食でも、ドイツの腸詰でも、イギリスのベーコンでも、イタリアのスパゲティ、マカロニでも、スウェーデンのチーズでも何でも食べる国民である」という趣旨の内容があるので、パスタ類がなかったというわけではないようだ。

昭和十一年(一九三六年)、日本がドイツと防共協定をつくり、その後、日独伊三国同盟を結ぶという歴史の中で、日本海軍は、ドイツ海軍とは潜水艦を通じて協同訓練や交流をおこなう機会があったが、イタリア海軍との友好親善はさほどではなかった。というよりも、海軍の首脳部には、米内光政海軍大臣が、

「だいたい日本の海軍は米英と戦うようには建造されてはおりません。独伊の海軍に至っては話になりません」(昭和十四年四月の五相会議の答弁)

と答えているようにドイツやイタリアを頼りにする空気はうすかったから、政治から話が飛躍するが、イタリア海軍の影響で日本海軍がマカロニを料理に取り入れたとは思えない。

ひとくちに西洋料理といっても、ヨーロッパのどの地域までの料理をいうのかはっきりしない。ナイフとフォークを使って食べる料理が洋食だとするなら、お国柄によってはほとん

どフォークだけでことが足りる料理はどうなるのか、そうなると、イタリア、スペインを中心とするパスタ料理を洋食として扱えるものかどうか、という疑問もあるが、外国の料理を海軍が早くから取り入れようとしていたことだけははっきりしている。

ヨーロッパの中でイカやタコを食べる国は数少ないが、その点、イタリアは日本人の食生活に近いものを食材にし、米もよく食べるからイタリアの食べものはなじみやすかったのではないかという推測も生まれる。

もっとも、同じイタリアの食材とはいいながら日本での消費量は現在も少ないのがオリー

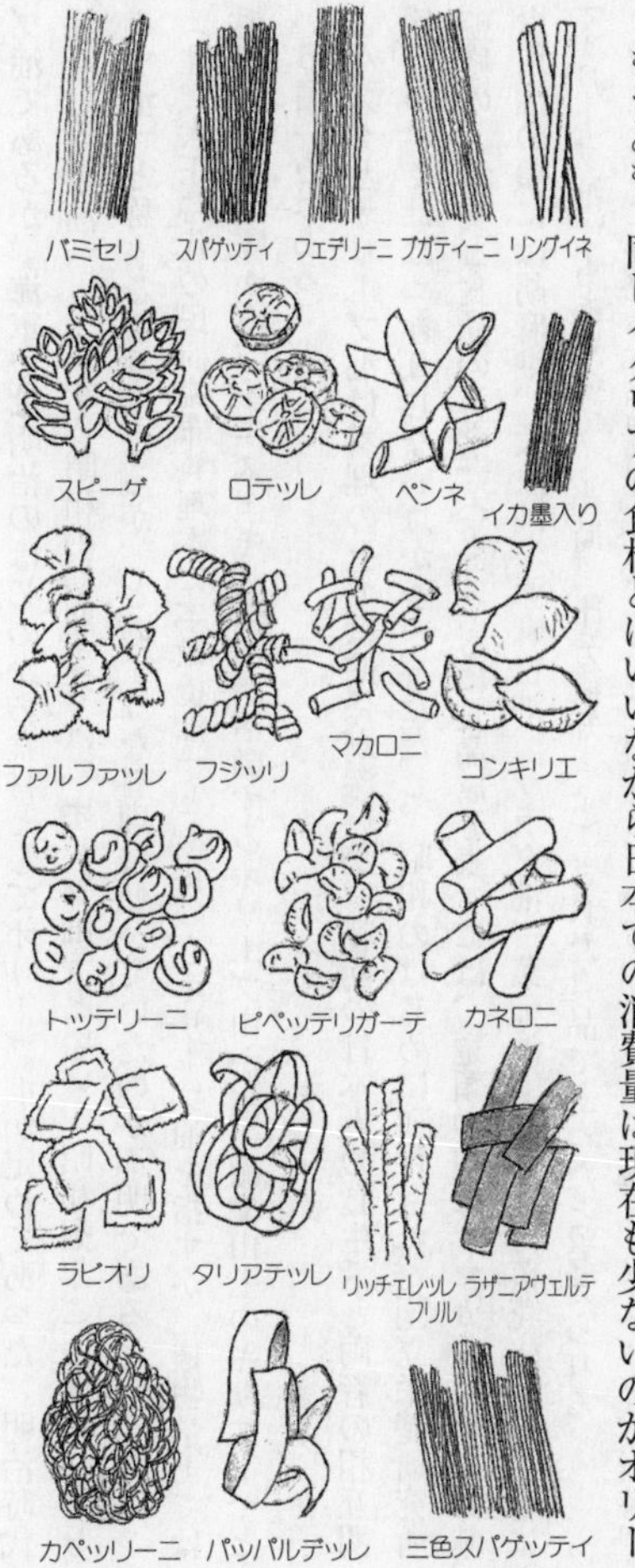
バミセリ
スパゲッティ
フェデリーニ
ブガティーニ
リングイネ
スピーゲ
ロテッレ
ペンネ
イカ墨入り
ファルファッレ
フジッリ
マカロニ
コンキリエ
トッテリーニ
ピペッテリガーテ
カネロニ
ラビオリ
タリアテッレ
リッチェレッレ フリル
ラザニアヴェルテ
カペッリーニ
パッパルデッレ
三色スパゲッティ

ブ油であるが、海軍では明治のはじめから食材としてオリーブ油が定めてあった。明治時代は「阿列布油」、大正から昭和の初期までは「オレフ油」といい、昭和七年ごろから「オリーブ油」と称するようになるが、どのような料理に使っていたのか不明である。

（注、大正時代の民間流布料理本に「橄欖油」とあるのもオリーブ油を指すが、植物学上では誤訳。同じ意味から、イエス・キリストが活動するオリーブ山から「橄欖山上のキリスト」という言い方はある）

パスタとオリーブ油は料理の上では関係が深いが、戦前の日本人の食生活と両者の相互関係についてははっきりしない点が多い。ただし、昭和のはじめに刊行された国立栄養研究所監修の『栄養と食品の科学』（ようするに食品成分表）には、麺類の項に「マカロニ」もあり、食用油の項には胡麻油、大豆油、亜麻仁油、サラダ油、菜種油、椰子油、落花生油とともに「オリーブ油」もあるので、当時、十分認知（?）された食品であったと考えられる。

昭和七年に海軍が研究調理として部内に紹介している「マカロニナポリタン」を、当時、海軍が使っていた食材を使ってイラストで再現してみる。マカロニナポリタンは今日ではごくありふれたパスタ料理であるが、士官用献立として区分されているので、それらの特色を取り込んで家庭向きにみることとする。

〈海軍式マカロニナポリタン〉

材料（四人前）＝マカロニ・ペンネ四百グラム、サケ燻製百グラム、生クリーム二百cc、牛乳三百cc、バター二十グラム、パルメザンチーズ大匙一、玉葱五十グラム、さやいんげん五十グラム、塩、こしょう。
調理法＝塩を少し入れたたっぷりの湯でペンネをゆで、アルデンテ（控えめのゆで加減）でざるにあげる。櫛切りの玉葱をバターで炒め、塩こしょうで調味したら刻んだサケを入れ、生クリーム、牛乳を加えてとろみがつくくらい弱火で煮詰め、細切りのさやいんげんを入れる。食べる直前にペンネと混ぜ合わせ粉チーズをかけて供する。

イタリア料理にはユーモラスなネーミングが多い。日本海軍も駄洒落やウィットの利いた隠語を使う傾向があったから、その共通点があったかどうかまで詮索することは海軍とイタリア料理を関連づけるうえで無用であるかもしれない。

ただ（只）のことを文字を分解してロハというが、海軍ではイロハを英語にもじってＢＣ

たっぷりのお湯で
ペンネをゆでる
少しかためで
ざるにあげる
サーモン、たまねぎ
を炒める
こしょう
生クリーム、牛乳を入れて
煮る
さやいんげんは細切り
食べる直前に
パスタを混ぜる
チーズをたっぷりかける

とか、奥さんはカカアだからKA（ケーエー）だとか、中にはしようもないようなものもあり、かえって紹介したくなるが、海軍用語や隠語はここでの料理とは関係ないので割愛して、笑ってしまいそうなパスタ料理を二、三紹介してみよう。

〈怒りのペンネ（ペンネ アッラッビアータ）〉

トマトソースと赤唐辛子をたっぷり使うため、はじめから赤く、食べると顔まで真っ赤になるという。

〈娼婦風スパゲッティ（スパゲッティ アッラ プッタネスカ）〉

トマトソース、黒オリーブ油、ケッパーを使ったシンプルパスタで、娼婦宿で時間待ちの客に出されたといういわれがある。娼婦は puttana というのだそうで、名前につられて注文する日本の男性が多いらしい。しかし名前のせいか、ありふれたレストランメニューとしてあつかわれることは少ないという。

〈ネロ風トルテッリーニ（トルテッリーニ アッラ ネローネ）〉

伝統的ボローニア料理をエルヴィオ・バッテラーニという料理の大家が応用したといわれる。最後にブランデーをかけて燃やすところがローマを焼いた暴君ネロに由来するらしい。

パスタ料理ではないが、「溺れたタコ」（ポルポ アフォガッティ）とか「チキンの悪魔風」（ポーロ アッラ ディアボラ）と正式に名前がついたイタリア料理もある。ユーモアの好きな日本海軍もイタリアのファッシズムは相当嫌っていたので、冷笑で終わったかもしれない。

12　やっぱりコメのめしが元気のもと〈ハイカラ海軍も米には執着〉

白米だけのご飯は銀飯ともいわれ、兵員の憧れでもあった。今日は銀飯だと聞くと一同万歳三唱し、「君が代」を斉唱したとか、皇居に向かって遥拝したなどと冗談のような話もある。明治以来、さんざん麦飯を食わされてきた兵には、年に一、二度出る銀飯はそれだけでたいへんなご馳走だった。もっとも麦飯を食べさせたのは経費の問題のほかに保健上の理由があるが、いつのまにか白米は崇拝の対象になったようで、士気高揚のもとにもなっていた。

海軍と米の関係を述べる前に、日本人と米のかかわりについて記す必要があろう。

白米が庶民の間で食べられるようになったのは、江戸時代に入り世の中がいくぶん落ち着いてきた元禄時代のこと。流通経済が発達し、米の生産量も上がり、水車の活用で精米技術も向上した。景気のよい江戸町人の間では白米常食が大衆化した。出稼ぎのため江戸に上ってくる地方職人たちは、めったに口にできない白米が食べられることはたいへんな贅沢でもあった。

「このころ江戸わずらい流行す」という歴史の記述がある。塩気だけのわずかなおかずで白米を食べていると足がむくみ、村に帰って雑穀飯に変わるとたちまち体調復帰することから名づけられた病名だった。ようするに白米に不足するビタミンB_1の欠乏からくる脚気であるが、もちろん当時は原因不明の病気だった。

明治海軍は脚気との戦いからはじまった。明治十一年、西南戦争がおさまった翌年であるが、海軍では兵千人に対して三百二十八人の脚気患者がいた。さらに増え、十五年には四百五人にも達した。軍艦は年々増強されていたが、どの軍艦にも多数の病人がいて戦力は激減していた。十五年に起こった朝鮮の壬午《じんご》事変では「金剛（初代）」以下四隻の精鋭艦が現地に急行、あわや清国と一戦交えそうな危急が発生した。事態が収拾したからよいものの、実状は重症の脚気患者が多数いてとても戦闘できる状況ではなかった。

明治十六年十月卒業の海兵十期二十六名を乗せた軍艦「龍驤」の南米方面への遠洋航海は惨憺たるもので、三百七十名中百六十九名が重症脚気に陥り、人手不足で艦長も石炭くべを手伝ったくらいだったという。帰りにホノルルで一ヵ月滞在して野菜を食べさせたら全員回復した。

その後、脚気の主因が白米にあるとわかって麦が取り入れられたが、明治二十三年にはさらに脚気対策を徹底するために米を大幅に減量してパンに切り替えたことがある。鹿鳴館時代で欧化心酔の風潮もあって、すべてイギリス海軍に倣《なら》ったという背景もあり、食事を純洋食にしようという考えによるものであるが、生パン（食パン）をはじめハードビスケットまたは乾パンは日本人の食習慣としてどうしてもなじめず、たちまち兵員からクレームが沸騰した。

神戸停泊中の艦船では、麦飯とハードビスケットの食事に不満を抱いた下士官たちがストライキを起こしたという事件もある。日本版『戦艦ポチョムキン』であるが、飯を炊いて与えたら収まった。米の威力もさることながら、相手が単純でよかった。日本のように〈主食〉という考え方のない欧米の食習慣を知らないで、米をパンに替えた食べ方に無理があったようだ。

砲術練習艦「龍驤」2,530トン。明治2年、イギリスで建造。熊本藩から政府へ贈られた、蒸気機関も持った帆走汽船。絵は観艦式での模様を示す

　日清戦争後に海兵団に入隊した新兵の午後の訓練に力が入っていないので、班長が「お前、飯食ったばかりだろう！　もっと元気ださんか！」と叱咤すると、「メシは食べていません。パンだけでした」と情けない顔で返事したという話もある。パンはおやつだと思っていたらしい。どうしたらパンを好きになるか真剣に研究されたものの、妙案はなかった。

　それでもその後、大正時代を経て昭和になってからもパンはかなり使われた。パンには白砂糖が六匁（二十二・五グラム）ついていた。パンにつけて食べるためである。砂糖でもつけなければ食

えないパンだったのかもしれない。海軍兵学校では朝食は米の飯でなく、食パン半斤にアルミ碗によそった味噌汁、それに白砂糖。変な取り合わせで和洋折衷もいいところである。潜水艦では任務行動と艦内構造の特性上、そのつど炊飯することが難しいためパンがかなり用いられていた。

このような経緯があり、明治後半には脚気の問題からも解放されたものの、白米崇拝は厳然としてあった。なんといっても米は麦よりうまい。昭和になっても陸軍では、「麦や雑穀は下賤の常食。それを皇国の陸軍軍人に食わせるとはもってのほか」と憤慨する部隊指揮官さえあった。

その点、海軍はおとなしく、そのかわり艦艇では支給された麦は基準どおり使わず、残った麦は海にレッコしていたという証言がある。海に放つことを「レッコ」（デッコとも）という。英語のLet go（放す）からきた用語で、カッターを降ろすときなど最後のホーサーを放すとき気合いを入れて「レッコー！」というが、麦を捨てるときはそんな気合いを入れず、夜陰にまぎれて烹炊員数名が甲板までコソコソと麻袋をかつぎ、あたりを見回してスカッパーからザ、ザーと海の藻屑にしていたらしい。

（注、「レッコ〈デッコ〉」のように英語がなまった海軍用語は多い。いまでも海上自衛隊で縄ばしごをジャコップといってわけがわからないまま使っているが、推察するところ、出典は旧約聖書（創世記二十八章）にある、天使が昇り降りする夢をヤコブが見たという「ヤコブのはしご」〈Jacob's Ladder〉からきたとしか考えられない。これもイギリス海軍からの仕入

れであろう）

もっとも、戦争がはじまると特殊な外地については「南方地域（仏印、マレー方面）ニアル艦船部隊ソノ他海軍各部ニ勤務スル者ニハ規定ニ拘ラズ麦ヲ米ニ換給シテ差シ支エナシ」という海軍大臣示達（昭和十七年九月二十八日）があり、ようするに、南方では麦は食べなくてもよい、という措置もとられている。実情はすでに輸送が困難になり、国内食糧事情も逼迫したため、南方では十分現地にある米を調達して使え、ということだったようでもある。国民は昭和十二年の日中事変以降、玄米の需給が硬化し、国民は七分搗米が配給されているとき海軍は白米を食っていたという誤解の混じる話にもなったのだろう。脚気予防からも胚芽《はいが》を残して七分搗きに近い精米の使用が指導されていたが、南方では米は精白しておかないとカビや虫がわくという事情もあった。

『食味風々録』（阿川弘之著、新潮社）によると、昭和十七年に阿川海軍予備学生が訓練で南台湾に連れて行かれたときの兵食は穀象虫と蛆虫だらけで、混ぜご飯のようだったとある。

蛇足。穀象虫は米の保存管理がよくなった現在、国内ではめったに見ることができないが、完全消滅したわけではないようである。

穀象虫。オサゾウムシ科の甲虫。世界中に分布している。約3mm

同時多発テロに端を発したアフガニスタン紛争にかかわる国際協力のため、平成十三年秋から海上自衛隊の補給艦、護衛艦がインド洋に派遣されている。最初の派遣でのこと、二ヵ月たつころになると日本出港時に搭載した精米にはことごとく大量の穀象虫が発生したため、各艦とも甲板に米を広げ、人海戦術でタリバンならぬ穀象虫退治をするのが日課のひとつだったと帰国した乗組幹部から聞いた。

アフガンの〈こめタリバン〉退治には直射日光と手を抜かない戦術（ようするに、一匹ずつつまんで排除すること）で対応するしかなかったという。

それはさておき、昭和十八年になると米麦どころか、ガダルカナルをはじめ太平洋の前線では草や木の根を食べる状況にあった。もうこうなると軍も窮乏ここに極まり、基本食のうち、米麦は大幅に減量され、昭和二十年終戦直前の八月一日には海軍次官通達でつぎのような要旨の通牒が出されている。

「カロリーを消費しないよう意味のない動作、駆け足などをしないこと」
「同じ体を動かすのなら体操を止めて部内生産のための農耕に従事すること」
「米は洗うと栄養が損失するので洗わないで炊く（無淘洗炊飯）こと」
「食事に際しては咀嚼《そしゃく》を励行すること」

カロリー節約のため十分睡眠時間を取る、やたらに起きていないでただゴロゴロしているだけでもよい、というのであるから、終戦まであと十数日のころとはいえ、もう軍隊の様相を呈していなかった。

まだ食糧の需給が順調だったころは、さまざまな角度から海軍にもっとも適した食料制度が検討されたが、結局、兵食は明治二十三年に定められた品給制度（食べ物とその量を国が定めて購入し、調理したものを支給するという給食制度）がもっとも適していたとみえて、昭和十八年に小改正があるまでほとんどそのまま引き継がれた。

万事に洋風様式を取り入れることに執着した日本海軍であるが、食事面においては和洋折衷の工夫が見られ、とくに主食は多くの研究やいろいろな施策の末、艦艇でもやっぱり普通の米飯が食糧として適するという結論だったようである。そのため、米の食べ方についてはいろいろな研究も行なわれ、さまざまなものを入れた炊きこみ御飯があった。ほうれんそう飯や蛤ライスというご飯料理もある。

コメのめしは元気のもと、といっても炊き方がよくないと具合が悪い。むずかしいのは一度につくる飯の炊き方にある。一般の水上艦艇では飯は高圧の水蒸気を使った釜で炊く（潜水艦は電熱釜を使用）。民間の集団給食場でも安全で効率も良いことからこの蒸気釜が使われることが多いが、艦艇では蒸気ピストンエンジンや蒸気タービンの採用にあわせて明治時代から蒸気釜が使用されていた。

蒸気をつくって送る仕事は機関科なので、そのため機関科へはときどき糧食を上納するという微妙な関係があったと海軍主計兵だった人から聞いている（「海軍料理書から作る朝食メニュー」の項参照）。

13 真珠湾攻撃の日の朝食は？〈戦闘食に特有の工夫〉

昭和十六年十二月八日は太平洋戦争の緒戦となった真珠湾攻撃。

戦闘の模様は巷間数え切れないほど語られているが、食事のことを書いた本はめったにみることができない。多くの資料をもとにまとめられた防衛庁の『戦史叢書』でも、その日に九七艦攻、九九艦爆、零戦のパイロットたちがどんな朝食をとって空母機動部隊を発進したのかについては触れていない。なにを食べたかは戦史には入らないのだろう。とはいっても、「腹が減っては戦ができぬ」のことわざどおり、腹ごしらえは戦力に大きく影響する。

鈴木大次郎という元主計大尉が保存していたという『布哇《ハワイ》作戦ニ於ケル衣糧関係戦訓』という資料がのちに公表（昭和五十五年五月十日、朝日新聞）されたことがある。航空母艦「瑞鶴《ずいかく》」の特務士官（一般兵から進級した士官）渡辺信一少尉が三年後の兵学校勤務のとき、保存していた当時の資料をもとに作成したものだそうである。

それによると、攻撃に加わった「瑞鶴」の当日朝の戦闘応急配食は握り飯に、きんぴらなどで、戦闘後の疲労回復に少量のウイスキーの支給もあったとある。

〈空母「瑞鶴」乗組員の戦闘食〉

朝　食　握り飯、ボイルドベーコン、きんぴらごぼう、味付昆布、たくあん
昼　食　握り飯、おでん（牛肉、大根、里芋）、たくあん
夕　食　弁当、煮込（豚肉、人参、馬鈴薯、大根）、梅漬け
夜　食　乾パン、栄養食
〈空母「瑞鶴」搭乗員の戦闘食〉
爆撃前　鉄火巻、玉子焼、煮〆（大根、人参、松茸）、増加食（りんご、紅茶、熱量食）
応急食　機上応急食（状況ニ依リ支給スル）
爆撃後　みつ豆、増加食（コーヒー、冷シサイダー、熱量食）

これから戦場に向かうという臨戦態勢の場合には物資弾薬は当然、各種の衣糧品（被服、食糧）も補給して出港する。「瑞鶴」は呉軍需部で精米八十一トン、精麦二十五トン、乾パン七トン、無骨生獣肉五・五トン、骨付生魚肉十一トン、生野菜二十六トンなど多数の食糧を搭載、赤飯やおはぎが士気を鼓舞し、甘味品やアルコール飲料などの嗜好品が戦闘意欲を高める効果を考え、こまごました食品も加えられた。

戦闘食には何種類かあって、主食とおかずはその組み合わせになるが中身は部下統率の大事な要因になるため、こればかりは艦長が献立を決めることになっていた。「瑞鶴」では十二月五日から十日までの戦闘食献立が艦長横川市平大佐の命令で決まっていた。他の船でも糧食搭載基準の中でそれぞれ特色を考えて搭載し、戦場に臨んだことだろう。

戦闘食といっても戦闘の真っ最中には食事などしている余裕はないので、「戦闘食」とは戦いに備えた食べもの、または戦いの状況をみて合い間に食べるものといったほうが正しく、したがっていろいろな準備の仕方がある。長期戦闘が予想されるとき、準備時間がないとき、戦闘で調理設備が損害を受けたときなどいろいろな場面がある。調理室がダメージを受けたら飯が炊けなくなるので、乾パンでも食べるほかない。現在、市販品で白米飯、五目飯、赤飯としてよくできた缶詰飯があるが、当時の缶詰飯は今のものとやや違っていたようで、ほとんど使われていない。

海軍では昭和八年ごろからご飯を缶詰として保存する方法を研究し、昭和十三年に缶詰飯を採用、「缶詰飯換給ニ関スル件」として海軍で認められ、同年九月、軍需部を通じてとくに潜水艦給食の対象とされていたが、あまり評判がよくなかった。

サンドイッチやバターロールなどパンを使った戦闘食が見られないのはやはり米の飯が日本人にはいちばん向いているということで、その点、握り飯はどんなときでも無難だった。アメリカ兵はうまくもないレトルト食でもあまりクレームがないが、日本人は緊迫したときでも食事についての注文が伝統的に多いという特性があるようである。

その意味では竹の皮に包んだ握り飯とたくあんがあれば文句が出ず、立派な戦闘食になった。ただ、調理員にとっては数百人分、戦艦になると数千人分の握り飯を何食分も握るのはたいへんな労働で、炊き上がったばかりの熱いご飯をつぎつぎに握っていると手が真っ赤になり、半分火傷《やけど》みたいに手のひらは腫れあがったと聞いている。

戦艦「霧島」。昭和11年、改装後の姿。
大正４年、三菱長崎で建造。改装後、31,980トン。29.8ノット。
ソロモン海サボ島南西で昭和17年11月沈没

握り飯は手で握るのがうまいという信念だったのか、主計科分隊の心意気の見せ場だったのか、現在のコンビニのおにぎりのような製造機は場所もとるため考案の対象にさえならなかった。家庭用のおにぎり型押し器のような小さなものでは間に合わない。ご飯を竹の筒に詰めてトコロテンのように押し出しながら包丁で切っていくという程度の考案はあったらしいが、手で握るよりもかえって時間がかかって実用にはならなかったようである。

前記の空母「瑞鶴」の夕食にある「煮込」は煮物の一種であるが、どういうわけか海上自衛隊になっても昭和三十年代までの弁当ではまったく同じおかずが作られていた。とくに幹部候補生学校のある江田島では行軍や戦闘訓練で弁当を携行するときは、一年中きまって副食はこの煮物だった。はじめから中身がわかっている弁当は楽しみがないが、まだ旧軍属歴のある調理員もいたので海軍の献立が受け継がれていたものだろう。

なお、「瑞鶴」搭乗員の食事が一般乗組員と違うのは、機上でパイロットが操縦桿片手でも食べられるように配慮したもので、巻き寿司やたまご焼きになっている。

勝ち戦《いくさ》だった真珠湾攻撃では各艦夕食は赤飯を炊いて祝ったのだろうが、昭和十七年六月の負け戦ミッドウェー海戦での戦闘食ではどうだったのであろうか。

戦艦「霧島」で主計兵の体験を書いた『海軍めしたき物語』（高橋孟著、新潮社）によると、ミッドウェー海戦では通常の昼食を準備しているときに「戦闘用意」の号令がかかり、その場で戦闘食準備に切り替えられたため満足な材料もないまま牛肉、人参、ごぼう、こんにゃくを使ってあわただしく五目飯を炊き、竹の皮に包んだ握り飯弁当が準備されたようである。

ミッドウェー海戦は惨憺たる負け戦で、空母「加賀」「赤城」「飛龍」「蒼龍」をはじめとする主要部隊を失う結果となり、太平洋戦争の命運もこのあと決まってしまうのであるが、負け戦だからといって主計兵は食事を作らないわけにはいかない。号令も「適宜食事受け取れ」となって、通常の「配食用意」という時間を決めた号令にはならない。そんな中でもこの夜、「霧島」では夜食に小豆を煮、だんごを丸めて汁粉をつくったという。ミッドウェー海戦では生き残った「霧島」もその年十一月の第三次ソロモン海戦で米水上部隊の猛攻撃を受けて沈没、三万二千トンの巨体を南溟《なんめい》に沈めることになった。

現在の海上自衛隊でも旧海軍の教訓を生かした戦闘食がある。時間的余裕や緊迫の度合いによって食材や献立が選ばれることや、号令も「戦闘配食用意」「戦闘配食受けとれ」など、

西南戦争　田原坂団飯（握り飯）投げ合い合戦の図
錦絵をもとにした想像図。下方に政府軍の兵がいる

ほぼ昔と似たような手順になっている。違うところは、食品の種類が増えたこと、たとえば前出の缶詰飯は質がよくなり、取り扱い方法も簡単になったものが非常用糧食として訓練や災害支援活動時に使用されている。ただし、艦船での戦闘訓練での食事は今でも握り飯弁当の右に出るものはない。作る側の調理員をはじめ補給科員はあいかわらず手で握っている。

戦闘食の考え方は家庭の非常時にも応用することができそうであるが、日本人はいざというときにはとりあえず握り飯をつくっておけば間違いないようである。

握り飯について、西南戦争でのエピソードを一つ。明治十年二月に田原坂で激突した政府軍と薩摩軍は凄まじい戦闘を続け、三月二十日には政府軍が田原坂を突破するが、まだ現地では小競り合いがあったのであろう。『日録田原坂戦記』（熊本出版文化会館刊）によって、三月三十日、植木口における両軍の兵が数メートル対峙する中での口合戦を再現してみよう。

官軍兵「汝国賊、日にアワメシ食うのみ、空腹想うべし（やーい、お前ら毎日粟飯ばっかり食っとるようだが、腹も減ることだろうな）」

西郷兵「汝誇言するなからん、試みに我が兵餉を見よ。精白雪の如し（いいかげんなこと言うな。そんなら俺たちの飯を見せてやろか。雪のような白米だぞ）」

と言い返し、団飯一塊を我が塁内に投入す、と某政府兵の手記「従征日記」の中に記録されている。団飯とは、とりもなおさず握り飯のことで、握り飯はここでも戦闘食の主役だったことがわかる。

田原坂では政府軍は握り飯、味噌、梅干に加え、携行食として麺包（乾パン）、缶詰、餅が支給、一方の西郷軍の弁当の詳細は不明であるが、筆者の鹿児島勤務の体験から、餅米を灰のあくに浸け込んで煮た薩摩地方の名物あく巻きが保存性のよいところから大いに利用されたと推定する。

土段場ではあっても戦闘時のようにあらかじめ予測される緊急事態であれば、ある程度、計画的な献立もできるが、昨今の非常時といえば、先ず震災などの天災。日本人のたき出しや家庭でのいざというときの献立には戦闘配食が手本になりそうである。

14　潜水艦航海食は知恵の結集〈知られざる隠密行動の食事戦術〉

潜水艦のように特殊な環境下での食事はあまり知られないが、知恵の結集がある。

潜水艦とは、水に潜るだけでなく、自在に浮かび上がることもできる船というほうが正しいと定義づける場合もある。沈むだけの船ならたしかに作り方も簡単だろう。潜って航行したり、水中に留まったり、急速に浮上することにより目標を監視したり攻撃を加えるのが任務で、そのためには何日間も身を隠していなければならないのが潜水艦の宿命でもある。

映画で見るように艦内は狭く、通路も二人がすれ違うことが困難、空間という空間は可能なかぎり収納場所に利用することは昔も今も変わりない。芯のあるトイレットペーパーは中筒を抜いて積み込むこともあるくらい無駄な空間を艦内に持ち込まないようにもする。

次頁の絵は第二次大戦中のドイツ海軍Uボートの乗組員居住区で、書きものをする兵の左にはたくさんのパンが、右側にはりんご、その上のハンモックにはやはりパンや袋詰めの食料が積まれている。天井からはハムやベーコンがぶら下がっている。まるで食料庫のようであるが、乗組員が寝起きする区画でもある。

こういう光景は日本の潜水艦でも見られたはずで、天井からたくあんや塩ザケが吊り下げてあったとは思えないが、似たような工夫があったことが想像できる。長期航海では今も米袋は艦内通路に敷き詰めて順次食べていくのが普通である。

太平洋戦争中の潜水艦の模様を記した資料（泉雅爾元海軍大佐）に、つぎのような記述がある。

「インド洋方面では昭和十七年以降、日独協定による通商破壊作戦が行なわれ、わが海軍の二潜水隊、五潜水隊の潜水艦が一ヵ月の作戦を終えてペナンに入港した。乗組員は入港すると大急ぎで上陸し、基地の娯楽室で大の字になって休養するのが唯一の楽しみであった。しかし、同じ協同作戦をしたドイツ潜水艦乗組員は直ちにラケット片手にテニスなどを楽しむのが例であった。

ドイツ潜水艦内の乗組員の生活

昭和十八年八月、ドイツから寄贈されたU511がドイツ海軍により三ヵ月かけて呉に回航されたときも総員少しも疲労の色なく、士気ますます盛んであった。この疲れを知らぬ体力の源は全く日常の食事にあることが艦内見学でわかった。主食は黒パンで、二十日まで食べるもの、二十日以降食べるもの、三十日以降に食べるものがそれぞれ焼き方を変えて缶詰になり、副食はサラミソーセージ、チーズ、バターなどが十分あり、生野菜は主としてたまねぎ、馬鈴薯、レモンで、ビタミン剤も服用していた」

（筆者注。U511＝ヒトラーから同盟国への贈り物として譲渡されたもので、艦長シュネーベント大尉指揮する乗組員により呉に回航された。野村直邦中将が帰国に際してドイツから便乗した。日本到着後、呂500潜水艦として、潜水学校練習潜水艦としての運命をたどる）

そうはいいながらも、日本の潜水艦も装備が不十分なうえに保存に適しない日本特有の食品がありながら、実際には二ヵ月以上の無補給行動を行なっていた。

潜水艦の歴史にさかのぼり、食事との関係にふれる。

日本海軍が潜水艦を保有するのは水上艦に比べるとかなり遅く、明治三十八年にアメリカ製五隻を分解輸送して横須賀で組み立てたのが最初で、その後イギリスから二隻輸入、当時は潜水艇とよばれた。翌三十九年に神戸川崎造船所で国産潜水艇二隻が建造、その一隻が佐久間艇長以下十四名の殉職で有名な第六号潜水艇（明治四十三年四月、山口県新湊沖で訓練中沈没）である。

水深わずか十六メートル足らずでの遭難は現在から考えれば、不思議な気もするが、当時の潜水艦は各国ともまだそのような開発途上の時期にあった。死の直前まで沈着冷静な態度で書かれた佐久間勉大尉の遺書と、全艇員の配置についたままの壮絶な殉職はいまだに大きな感銘が与えられるが、このような尊い犠牲を無にせず、海軍は強くなっていった。

建造技術の向上により、大正中期に潜水艦と改称され、千トン以上の一等潜水艦は伊号、それ以下の二、三等は大きさによって呂号、波号と区分された。

潜水艦の整備と並行して乗組員の給食制度をつくる必要から、大正十年に兵食調査委員会が設置されて糧食、栄養等の研究が行なわれた。最終的な潜水艦糧食制度が確立するのは昭和六年、その後、小改正はあるものの、終戦まで実態に適応しないところがあった。とくに所要熱量四千三百八十四カロリーという高カロリーは狭い潜水艦内での体力消費量から考えても不適であり、当時の研究に未開発部分や困難性があったことを物語っている（高カロリー摂取には内外の異論も相当あったが、不自由な環境だからこそ、という温情的発想が大勢を占めていたと考えられる）。

保存のため純白米を使ったことも高カロリー食と相乗して悪い結果をまねき、戦争末期の南方作戦では脚気《かっけ》や原因不明の浮腫患者が多数出て作戦困難となり、内地に帰投した例もある。浮腫原因は戦後、昭和三十一年になって解明、ようするに必要ないのに栄養バランスのよくない高カロリーをとると弊害が大きいことが証明された。現代人も、もって教訓とすべし。

現在の潜水艦は昔にくらべ格段に居住環境は改善され、給食管理設備も向上しているが、戦前、とくに昭和十年ごろまでの潜水艦は装備最優先の構造のため、高温多湿はまるで蒸風呂、潜航中に空気清浄剤を使うといっそう艦内温度が上がり、人が住む衛生環境は最悪だった。その後、逐次改善が加えられ、艦内もいちおう冷房装置も備えられるが、電力節減のため使用は限定され、乗組員は上半身裸が多かった。電力節減といっても省エネ目的ではなく、潜水艦が充電するためには浮上航行が必要で、それだけ隠密行動を暴露する危険がともなうからである。

こういう宿命があるため、冷蔵庫も建造計画段階で制約されていた。葉菜類など生野菜の保存能力も二、三日しかないため、たまねぎ、じゃがいも、人参、ごぼうなど根菜類を食べつくしたら缶詰と乾物だけの食事となった。米をアルファでんぷんの状態にした火を使わないインスタント食品も開発されるが、これらは戦後になって形を変えて即席めんなど、一般市販品として利用されるようになる。

昭和八年七月から約三ヵ月間、南方方面で特別行動した第一潜水戦隊の伊号潜水艦に糧食研究のため乗り組みを命じられた志村未嵯男元海軍主計少佐（のち大佐）の報告書（『主計會報告』昭和十年三月）から主な食料品についての考察だけをとりあげてみる。

米＝脚気予防上有効なる胚芽米、変質早く艦内貯蔵には適さず。精白度の高い白米を良しとす。

生獣肉＝炭酸ガス充塡による貯蔵が適。成る可く多量必要。無骨肉が有利。

生魚肉＝塩物は嗜好の点において不適。ガス貯蔵と冷凍品を行動日数により調整することが必要。

燻獣肉＝ハム、ソーセージは適。ただし、いずれも冷蔵庫保管でなければ変質す。

鶏卵＝極めて重宝なる食品。広く料理に使えるので多量搭載可。

生野菜＝多く積みたい食品であるが保存不向きのため缶詰、乾燥野菜、冷凍野菜にせざるを得ない。馬鈴薯、たまねぎは保存上有効。ごぼうは保存利くも用途が狭い。大

たくあんは何よりも望郷の念を呼び起こす？

根はおろしにすれば好評であるが保存せいぜい二週間、さやいんげんは艦内で成長、堅くなる。トマトは極めて良好。ただし、保存に問題。

味噌＝樽詰めは衛生上、また、積載容積をとり問題があるが、缶入りは水分が底部に溜り外観悪し。乾燥味噌は汁にした場合沈殿部と上澄みが分離し外観も味も不良。

漬物＝今回の行動で漬物らしい漬物がなかったことがもっとも苦痛。新漬けは変質早く、旧漬けは塩加減に研究余地あり。殊に沢庵は品物に良、不良があり。沢庵は漬物の王者で日本人として何処においても如何なる場合でも忘れてはならない味。外地にあって望郷の念切なるものがあるときは尚更。缶詰漬物はわが海軍として是非とも研究開発しなければならぬ課題である。

缶詰飯＝最初は珍しがられたが、味が濃厚に過ぎ推奨するに足らず。飯まで缶詰にする必要なし。

1926年（大正15年3月）ドイツ人技師の設計により神戸川崎で建造された伊号第1潜水艦。全長97.5m、1,955トン

最新の海上自衛隊おやしお型潜水艦。2,750トン。葉巻型

獣肉缶＝牛肉の中ではコンビーフを良しとす。ローストビーフこれに次ぎ、大和煮、佃煮は一二回で倦厭の感生ず。ソーセージ缶、ハム缶はその侭使用良好。

魚肉缶＝嗜好、保存面から順に示せば次のとおり。蟹ボイルド、白魚ボイルド、かつお塩辛、雲丹（瓶詰）、かまぼこ、鮭ボイルド、牡蛎燻油漬。

漬物のうち、とくにたくあん（沢庵）は漬物の王者であるといい、この味こそは外地にあって「望郷の念切なるものがある」とはオーバーな表現であるが、国民性や食習慣はそのように深い関係があるということでもある。

いまでこそ「望郷」という言葉もあまり使われなくなったが、戦争や国外逃避の多い時代にはよく使われた言葉である。一九三六年に制作された往年のフランス名画『望郷』（ジュリアン・デュヴィヴィエ監督、ジャン・ギャバン主演）も原題は『ペペ・ル・

モコ（Pépé le Moko）』というらしいが、ストーリーから『望郷』とはまさにうってつけの邦題ではある。

アルジェの暗黒街カスバに潜伏し、パリに想いを馳せるペペの心とわが海軍兵が戦地でたくあんを通じて祖国を想う心はかならずしも一致しないが……。

当時の潜水艦糧食には餅の缶詰もあり、質も良好だったようであるが、米の代用で使うと「食事をしたような気がしない」という感想が多かった。潜水艦用の缶詰は保管場所をとらないよう、丸くせず、四角な缶がよいという所見もあり、潜水艦らしい改善提案ではある。

太平洋戦争初期の潜水艦の献立を具体例で示してみよう。この献立表はたいへん貴重な資料で、ハワイ攻撃に加わった伊二十一潜砲術長松本功少尉（海兵六十八期、十七年十一月、伊二十二潜航海長としてソロモン方面で戦死）の日記に残されていたものという。潜水艦では士官も下士官兵と同じ食事であったとはいえ、兵科士官がこのように糧食に関心が高く、熱心だったことに潜水艦乗りの心意気が感じられる。

〈伊二十一潜の予定献立〉（昭和十七年元旦及び一月五日～十日）

（注、昭和四十三年、海上自衛隊潜水隊群司令部発行『潜水艦の友』〈九月号〉所収による）

元旦（木）朝食　雑煮（缶詰餅、かまぼこ、筍、ふき、ほうれん草）、数の子、切りするめ、煮豆、紅生姜。

昼食　白飯、その儘（鶏肉大和煮）、里芋白煮、吸物（かに缶、松茸、ほうれん草）。

夕食　白飯、その儘（いわし油漬）、酢の物（万才煮）、吸物（キャベツ、人参、筍、椎茸）、漬物（大根味噌漬）。

五日（月）朝食　みそ汁（赤みそ、広島菜）、漬物（旧漬）。
昼食　その儘（缶詰獣肉）、鉄砲和え（豆もやし）、漬物（旧漬）。
夕食　塩魚（ボイル）、桜ボイル（ばれいしょ、菜、筍）、汁、漬物。

六日（火）朝食　みそ汁（赤みそ、豆もやし、乾油揚）、漬物（旧漬）。
昼食　おはぎ（もち米、小豆）、辛子和え（缶詰獣肉）、澄汁（椎茸、ほうれん草）、漬物（旧漬）。
夕食　その儘（缶詰魚肉）、油いり（ひじき、乾油揚）、漬物（旧漬）。

七日（水）朝食　みそ汁（赤みそ、千大根）、向付（鉄火みそ）、漬物（旧漬）。
昼食　その儘（缶詰獣肉）、浸し（ほうれん草）、吉野汁（筍、ふき）、漬物（旧漬）。
夕食　その儘（缶詰獣肉）、甘煮（乾馬鈴薯、人参）、漬物（旧漬）。

八日（木）朝食　みそ汁（赤みそ、広島菜）、漬物（旧漬）。
昼食　塩魚（ボイル）、煮しめ（馬鈴薯、人参、ごぼう）、漬物（旧漬）。
夕食　ソボロ煮（缶詰獣肉）、濃平汁（松茸、ふき）、漬物（旧漬）。

九日（金）朝食　みそ汁（赤みそ、豆もやし）、向付（干海苔）、漬物（旧漬）。
昼食　その儘（缶詰獣肉）、ぬた（豆もやし、わかめ）、漬物（旧漬）。

夕食　ソボロ煮（缶詰獣肉）、澄汁（椎茸、切り麸）、漬物（旧漬）。
十日（土）朝食　みそ汁（赤みそ、干大根）、漬物（旧漬）。
昼食　ハムライス（燻製獣肉）、スープ（かに缶詰、干うどん）、漬物（旧漬）。
夕食　その儘（缶詰魚肉）、油いり（乾ぜんまい）、漬物（旧漬）。

「その儘《まま》」という献立は面白い表現ではある。海軍時代の名残《なごり》か、海上自衛隊の初期にははたしかに缶詰を開けたり、袋から出しただけのものを〈そのまま〉とよぶ副食があった。

性能、装備ともに著しく向上した現代の潜水艦の糧食にはどんなものが使われているか、海上自衛隊潜水艦の航海中の献立をいくつか紹介してみよう。

一日目　朝食　トースト（生パン）、ボロニアソーセージ、野菜サラダ（トマト、レタス）、いちご。
昼食　うなぎ蒲焼、マカロニサラダ、ほたてソテー、あさり汁、ブランデーケーキ。
夕食　ポークカツ、キャベツ、レモン、ポテトサラダ、白和え、中華スープ、オレンジ。
五日目　朝食　トースト、生野菜（セロリ、人参）、ウインナーソーセージ、LL牛乳（長期保存加工乳）、キウイ。
昼食　和風ステーキ、キャベツ、きのこスパゲティ、五目煮（人参、大豆）、白菜スープ。

夕食　冷凍あじフライ、グリーンサラダ、肉じゃが、大学いも、冷凍ケーキ（タルト）。

十日目　朝食　冷凍パン、トマトとたまねぎのサラダ、スクランブルエッグ、ＬＬ牛乳、みかん。

昼食　カツカレー、福神漬、海藻サラダ、ゆで卵、ＬＬ牛乳、りんご。

夕食　キムチ鍋、野菜コロッケ（冷）、里芋煮物（冷）、切干炒煮、クリームスープ、りんご。

戦前の潜水艦にはなかった現代の食品が取り入れられ、バラエティに富んではいるが、どうしても冷凍品を主とした、一週間または十日サイクルの同じ料理にならざるをえないのは潜水艦糧食の宿命でもあろう。

15 機内サービスのない航空弁当〈海軍戦闘機乗りの食事〉

航空弁当を語るには、その前に飛行機の発達と軍用機の歴史にふれておく必要がある。

飛行機は船にくらべると発達速度が早く、軍用機が複葉機からジェット機になるまで四十年もかかっていない。その点、船、とくに水上戦闘艦は基本的に明治時代の石炭艦と現代のガスタービン艦の違いこそあれ、船としての基本形は太古の丸木舟と変わらず、速力にいたっては大型艦でも最高速力はいまでさえ四十ノット（時速七十四キロ）出すのは苦しく、経済速度は十五、六ノット（時速二十八キロメートル前後）、街中を走っている自動車でももっと速い。航空機はひたすらスピードを追い求める開発に力が注がれたが、船は速力以外の性能向上を重視したからである。それにしてもスクリューで推進する船はいまでも遅い。

一九〇三年（明治三十六年）、ライト兄弟が〈飛行機〉でノースカロライナの海岸の空を飛んだのが人類初の飛行成功とされるが、その前から各国は空を飛ぶ「空中機関」が近く実現しそうだということがわかって、軍用化にやっきになっていた。

空を飛ぶという意味では飛行機の前身ともいうべき気球、飛行船は飛行機より百年以上も前に考案されていた。陸軍軍人で、日本における気球の先駆者・徳永熊雄大佐の生涯をえがいた『空のモッコス』（渋谷敦著、創林社）に気球の歴史はくわしく、飛行機時代の食事とも関係なしといえないので、同書から引用させてもらう。

ヨーロッパではじめて気球を揚げたのは一七七六年、イギリスのジョセフ・ブラックという人らしいが、歴史上よく知られるのはフランスのモンゴルフェ兄弟のほうで、一七八三年になる。

カーチス機
35分間飛んだ
御召艦・巡洋艦「筑摩」
ファルマン機
15分間飛んだ
大正元年11月2日、横浜沖観艦式の模様を描く和田香苗画伯の絵（江田島・教育参考館収蔵）の模写

気球は早くも軍事的に利用され、ヨーロッパでの紛争や戦争にも使われた。なかには、相手陣地に落とすため気球に乗せた爆弾が、逆風で帰ってきて自分たちの頭上で炸裂したという失敗（オーストリア・サルディニア戦争でのオーストリア軍）もあったようだ。アメリカでは南北戦争で通信部隊が気球に乗った。日本でも西南戦争のとき政府軍が日本最初の軽気球を作っている。

その後、日本では日露戦争で陸海軍とも気球を使って旅順への艦砲射撃観測もおこなったが、効果がなかったのか、海軍は気球を手放して陸軍に譲ってしまった。

気球のあと登場する飛行船の整備に手がけた海

軍が「航空弁当」にも着目したのはこのころといわれるが、もうすこし日本の航空史にふれてから航空弁当に移りたい。

大正元年、横浜沖での観艦式で水上機二機が飛んだのが海軍機の初飛行とされるが、この飛行機はほんの数ヵ月前に海軍が購入したばかりのアメリカ製カーチス機とフランス製ファルマン機だった。それでも陸軍に遅れること二年、米英とはすでに十年の開きがあった。その遅れを取り戻すため海軍は必死だった。

大正三年（一九一四年）七月、第一次世界大戦が勃発して日本も参戦すると、陸軍機とともに海軍もファルマン機でドイツの根拠地青島《チンタオ》を攻撃し、空中戦も演じたというのだから急速な進歩だったことは間違いない。もっとも、このときの爆撃は百九十発落として効果があった爆弾は八発だけだったというが、爆弾をひもで吊し、目標を狙ってナイフで切って落とすという戦法だったから当たるほうが不思議、飛び道具はピストルだった。

大正五年に海軍航空隊が開設、十年には霞ヶ浦海軍航空隊が開隊するものの、海軍が飛行機の有用性に目覚めるのはずっとあとのことで、まだ大艦巨砲主義が浸透していた。

このころの日本軍の飛行機は戦うよりもまず「飛ぶこと」が目標だった。将来、航空機が主戦力となることを予言して必要性を主張したのはごく一部の者だけで、その代表がアメリカ駐在により第一次世界大戦後のアメリカの大規模な航空機整備の現状を見た山本五十六だった。

そういう中で大正十一年末に日本最初の航空母艦「鳳翔《ほうしょう》」が竣工、飛行機の性能開発とともに火薬式国産カタパルトが製作され、搭乗員教育も充実していった。

昭和に入ると日本独特の少年航空兵制度もでき、空母「加賀」「赤城」が就役する。七年の上海事変では空母の航空戦隊が参戦して航空力を発揮してみせた。その後、三菱重工により昭和十年に世界に誇る「九六式陸上攻撃機」(中攻)が、昭和十五年には紀元二六〇〇年にちなんで制式採用された「零式《れいしき》戦闘機」(米軍が「ゼロファイター」といって恐れたことから後年、ゼロ戦と呼ばれた)が誕生する。航続距離の拡大とともに搭乗員の食事も大切になった。

ここからが、ようやく航空弁当の話になる。

飛ぶことだけに夢中になっていて弁当があと回しになったのは、初期の搭乗者は士官ばかりだったため、食事が金給制となっている士官への物品給与には関心がうすかったことによる。大正八年ごろから搭乗員に下士官兵が採用されるようになると、下士官兵は現品給与制であるため飯の面倒をみてやらねばならないということになった。

大正十四年、海軍兵食調査委員会で航空糧食の制度化が審議決定され、搭乗員の特殊な勤務環境、航空生理学からくる栄養管理を考慮した研究や審議が重ねられた。翌十五年に搭乗員に対する糧食制度ができ、機上食(いわゆる航空弁当)も制定する。もっとも、飛行機の進歩が早いため弁当の研究は追いつかないのが実情だった。

昭和四年にいろいろな食べ物、飲み物を機内に持ち込んでマイナス十五℃の上空で二時間実験した結果報告がある。

それによると、ビンに詰めた牛乳、お茶、折箱に入れたのり巻、いなりずし、紙に包んだまんじゅう、りんご、ゆで卵、缶詰の牛肉大和煮はことごとく凍結して弁当には不適との所見が出ている。マイナス十五℃の中では二時間もたてば急速冷凍もいいところ、カチカチに凍ってしまうのは当たり前の話で、これは包装や保温方法ではじめから解決できることはわかっているが、それでもこういう単純な実験をくりかえしたところが立派ではある。

一緒に積んだ紙包のサンドイッチ、魔法瓶に入れた梅干かゆ、水筒に詰めたウイスキー入りココアは機上食に適するという結果が出ていて、とくにウイスキーは凍らないし、刺激になってよろしい、という所見は痛快である。酒気帯び操縦まではいかなかっただろうが、海の荒鷲といわれた海軍航空隊のこと、失敗も多いが、猛者も多かったから、機内サービスがないだけに適当にセルフサービスを楽しんだのかもしれない。

猛者といえば、大正二年の演習では両軍一機ずつ偵察に使い、機上に立って手旗信号で演習の模様を旗艦に報告したという勇ましい話もあった。よく落ちなかったものである。四年には馬越中尉という〈ヒコーキ野郎〉が水上機で十時間飛行に成功して世界記録をつくった。大正十二年三月、はじめて空母「鳳翔」に着艦した吉良俊一大尉など、東郷平八郎以下並みいる海軍提督が見守るなか、第一回目は見事（？）に失敗、飛行機もろとも海中に落ちたが、濡れネズミのまま平気な顔で帰って来てふたたび飛び出し、二度目はみごとな着艦をみせたという。

昭和十年三月発行の『主計会報告』という海軍部内誌に航空糧食についての研究が掲載さ

れている。航空生理学を根拠にした栄養管理から嗜好の変化までを考察した詳細な研究であるが、ようするに、消化がよく、少量でエネルギー補給ができ、片手で、一口に、こぼれたり崩れたりせず食べられるものとして、のり巻、鉄火巻、いなりずし、握り飯、サンドイッチ、クリームパン、ジャムパン、バッテラ、ゆで卵などがよいとしている。ウイスキーボンボンが忘れずに入れられている。よほどウイスキーにこだわる「荒鷲」ではある。

機上食は栄養学、食品学、航空生理学、心理学などいろいろな要因をふくむ研究が必要であるものの、早い話が、海軍では、食べよいものを、食べやすい形で持っていくことが優先した。

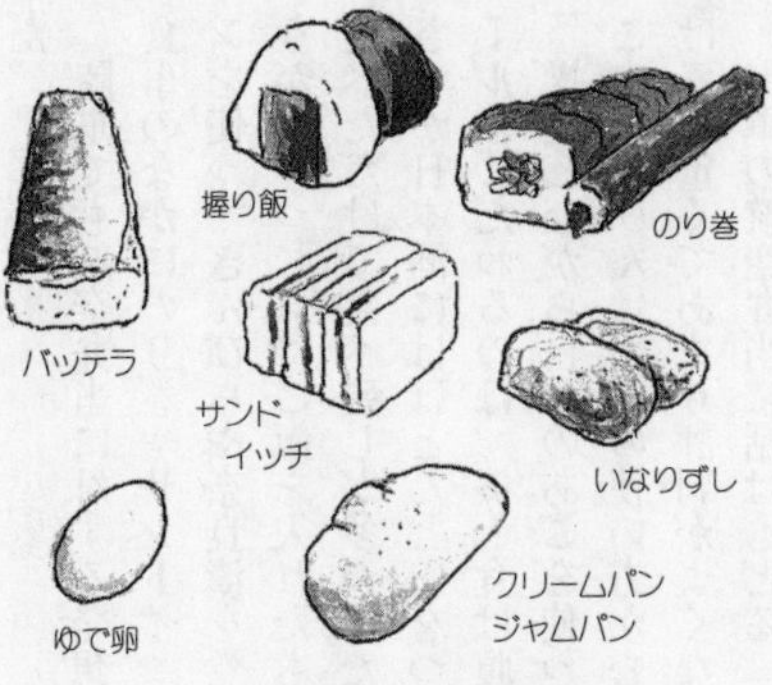

航空弁当に適する料理

海軍よりもすこし立ち上がりが遅れたが、陸軍でも糧秣廠を中心とした航空食の研究に目を向けた。日中戦争、ノモンハン事変により偵察飛行も多くなり、長時間飛行に対応できる生化学的食糧の必要に迫られたからである。

昭和十二年に陸軍がバックアップして東京帝国大学航空研究所が開発した長距離機の実験飛行では、関東上空を連続六十二時間二十二分も飛ぶという世界記録をうちたてたが、この三日間にわたる長時間飛行に対する機上食は陸軍糧秣廠が全面的に支援した。

陸軍でも航空弁当に対する発想は海軍と共通したところが多く、このときの長距離飛行の食事のなかにのり巻やサンドイッチがある。変わったところでは、のり巻の飯のかわりにパンを使ってきんぴらや奈良漬を巻いた巻サンドイッチ、セロファン紙の袋に削り節や紅しょうがといっしょにご飯を入れたものもあった。六食分積んだセロファン飯は、一食とすこし食べただけで食べ残しが多かったようである。日本酒やぶどう酒もたくさん積んで飛んだが、さすが日本酒にはほとんど口をつけず、ぶどう酒を飲んだようである。陸軍も海軍もアルコールにこだわるのは、機上食は腹の足しというよりも疲労回復に気を配ったからと思われる。操縦しながら自分のあごを使って蓋を開ける魔法びんなども考案されている。もっとも、この魔法びんはあごの使い方がむずかしく、風袋《ふうたい》だけでも一・四キログラムあって、首に掛けると重くてあまり評判がよくなかった。

海軍の航空弁当に話はもどる。

欧米での長距離飛行は早くも大正末期にさかんだったから、さかのぼってその航空糧食にも注目していた。昭和十年の加藤勲海軍主計少佐の研究につぎのような報告がある。

イギリス・マクラーレン少佐世界周航飛行、一九二四年（大正十三年）。

パイロットビスケット百十八個、肉エキス八缶、干ぶどう十一オンス、ほか、チョコレートなど。

フランス・ベルシュドアジー氏訪日飛行、一九二四年。

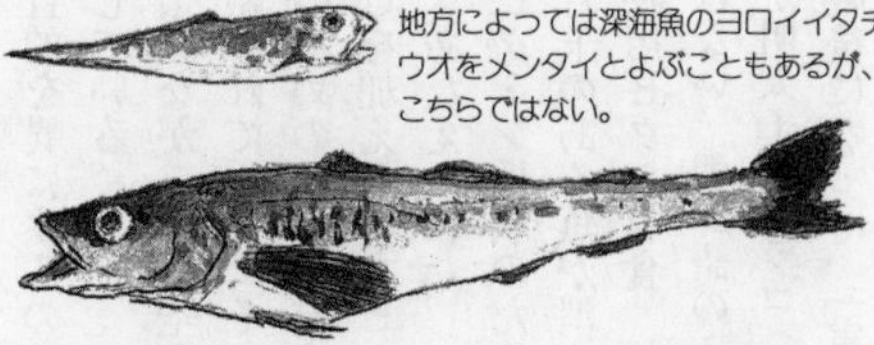

地方によっては深海魚のヨロイイタチウオをメンタイとよぶこともあるが、こちらではない。

メンタイ、正しくはスケトウダラ。戦時中の配給魚のイメージもあり、練製品でしか食べられないが、卵はタラコ、メンタイコとして需要が多い

サンドイッチ、冷肉、固形スープ、コラ酒（心臓、筋肉の興奮剤）、コーヒー、バナナ。

イタリア・ビネード中佐訪日飛行、一九二五年。

ビスケット一キロ、缶詰肉一・五キロ、濃縮スープ三〇〇グラム、果物ジャム一キロ、コニャック一・二リットル。

アメリカ・チェンバレン氏ニューヨーク、ベルリン間無着陸飛行、一九二七年。

サンドイッチ十個、スープ二びん、コーヒー一びん、オレンジ六個。

欧米の航空弁当で共通するのはサンドイッチかビスケット、それにスープで、日本にくらべて単純な品目だということがわかる。これにひきかえ、日本機が東西のいろいろな食べものを取り揃えなければ気がすまない傾向は、つきるところ食習慣の違いからくるもので、今日の海上自衛隊機になっても基本的な嗜好問題として変革は難しい状態がつづいている。

大正の同じころ、すでに民間機も就航しているが、日本航空輸送株式会社でも搭乗員は乗り継ぎのとき陸上で食事をすることになっていて、機上で食べることはなかった。

現在、民間航空では東西競って機内食のサービスに努めているが、旅客機と軍用機の機内食は目的を異にするのはいうまでもない。ただ、食品衛生上の安全性だけは絶対条件として共通している。

余談ながら、航空弁当とは別に、搭乗員には普段の食事に加えて特殊栄養食というものも支給されていた。その一つが海軍ビタミン食である。視力向上のためのビタミンA、疲労回復のためのB_1を含有する糖衣錠があたえられていたが、太平洋戦争になると、さらにビタミンCを加えた強力ビタミン食になり、航空戦が苛烈になると即効をねらった薬物的な飲みものもあたえられた。

ビタミン採取のため国内主要漁港から肝油やメンタイの目玉が大量に集められた。市場から目玉のある魚が消えたといわれる。終戦が来てしまい実用には間に合わなかったものの、防眩用ビタミン食、特殊疲労回復食というものも考案された。（注、メンタイという魚は和名にはない。朝鮮語のミョンテ〈明太＝スケトウダラ〉のことらしいが、戦後資料に従った。卵巣が明太子〈タラコ〉）

戦後になって、「軍が保有していた覚せい剤が巷間に出回っているらしい」ということが社会問題になったことから考えると、「薬物的な飲みもの」とは何だったのかという疑問も出てくる。

機上食は、短時間しか飛行できないジェット戦闘機では必要ないが、対潜哨戒機のような時間をかけて飛ぶのが仕事の飛行機では必需品で、現在の海上自衛隊Ｐ３Ｃでは何食分かの航空弁当を積んで任務についている。弁当の中身は太平洋戦争のときとあまり変わらず、のり巻、握り飯が嗜好の筆頭であるが、戦闘機時代と変わって機体も大きく、飛行目的も違うので片手で食べる必要がなく、日本的な幕の内弁当仕立てになっている。

16 患者食は、まず栄養豊富なレバーで〈患者になりたいレバー料理の数々〉

患者食といっても海軍独特のものばかりがあったわけではないが、患者食を見ることにより当時の部隊での食事養と病理対策の一端がうかがえる。

海軍では通常の食事を基本食、その他、状況に応じて支給する食事を増加食、夜食、非常労働食などと区分し、そのうち患者の病状に応じて支給する食事を患者食といった。患者食として当時どのような献立が使われていたかを知ることで海軍の栄養に対する考え方がわかると思われる。

「栄養」という言葉ができたのは大正七年。どちらかというと医学、生化学分野だった食物と保健の関係を研究した先駆者として、森林太郎（森鷗外）、高木兼寛、高峰譲吉、鈴木梅太郎、島薗順次郎、井上正賀、大森憲太、佐伯矩の名をあげることができる。

とくに佐伯矩《さいきただす》博士は明治後半期に北里柴三郎博士に師事、その後エール大学に留学、帰国後、栄養学の学問的体系確立のため私立栄養研究所を設立、大正九年には国立栄養研究所初代所長に就任以来、二十年間在任して日本の栄養学の基盤を築いたわが国を代表する実践的栄養学者である。当時使われていた「営養」を学問上の見地から「栄養」とすべきとの佐伯博士の建言により、学術用語として「栄養」が認められもした〈注、『坊ちゃん』〈夏目漱石、明治三十九年発表〉原文ではまだ「営養」が使われている〉。

佐伯博士をここで取り上げるのは、佐伯博士と海軍とは深い縁があるからである。明治中期に脚気と壊血病を駆逐した海軍は、その後も栄養管理に熱心で、そのため佐伯博士が大森に設立した栄養学校（現在の佐伯栄養学校）に海軍主計科の下士官を選抜して委託し、一年間教育させる制度をつくった。

昭和二年を第一回生として昭和十二年入学まで優秀な下士官が現役のまま国内留学し、部隊復帰後、栄養管理の基幹要員となった。十四名の卒業生はいずれも厳しい選抜を経て入校しただけあって、卒業後、各鎮守府で大いに活躍し、全員、特務主計士官に昇進している。

昭和２年、フランス生物学会出席のころの佐伯矩博士。野口英世博士とも親交があった

海軍の糧食管理が明治の出発時点において病気予防にあったことが、その後の食生活改善の基盤になったと考えられる。そのため、患者となった兵員に対しては、材料をよく吟味した食事をあたえようとした努力が見られる。海軍の特殊性として海上生活をしなければならない患者があることはやむをえない。艦船内で患者が発生することもあり、病院船のように一時的な船内生活とはいえ、

陸上の病院のような安泰な環境ではないため、どの部隊にも患者食レシピがあり、普段からあるていどの患者食に対応できる能力があった。

海軍の患者食には、つぎのような献立があった。

重湯、玄米重湯、オートミール重湯、粥食、葛湯、泡立オムレツ、おとし卵汁、半熟卵、茶碗蒸、法蓮草卵汁、牡蛎の浮煮、浸しパンのカル焼、混合牛乳、スープ、濁羹汁、穀粉スープ、鯛スープ、犢レバコロッケ、犢レバイタリアン、犢レバシチュー、犢レバ味噌掛、犢レバロールキャベージ、犢レバのパテミート、犢レバ串焼、犢レババタ焼、犢レバ生トマト煮込（注、犢＝子牛肉のこと）。

数種の卵料理はいかにも病人用ではある。

昔は、鶏卵は高級食品で、珍重される贈答品だった。「病人には卵」というのが見舞い品でもあった時代なので、卵が患者用献立の食材となったのはもっともなことである。

卵料理に熱心な軍医もいたようで、明治三十六年に鈴木孝之助という海軍軍医総監が考案した半熟卵製造器「煮卵計」というものが発売されてもいる。ようするに、六十八℃と七十℃に印をした温度計で、「だれでも失敗なく半熟卵ができる」という謳い文句が当時の『時事新報』の記事にあるくらいなので珍しいアイデアだったのだろう。実際は四十分近く鍋から目を離さず温度をみていないといけないので、宣伝でいうほど便利商品ではなかったようではある。

料理名から容易に想像できるものが多いものの、牡蛎の浮煮、浸しパンのカル焼のように作り方、または材料がわからないものもある。

それにしても前記の献立でわかるように、やたらにレバー料理が目立つ。病人用料理どころか、これだけのメニューに追加してレバニラ炒め、レバ刺しでも入れれば立派なレバー料理専門店ができそうである。

海軍の教科書にも患者食の基本的な取り扱いについて、つぎのような記述がある。

「食物を調節して直接病気を予防し又は治療して行くこと、若しくは其の病者の有する病症に障らぬ様に病人の全身栄養を完ふするのを目的とする。現在にては食餌療法が学問的根拠に立脚し薬物療法、理学的療法等と相並ぶに至った結果、病人栄養を完全に行うには健康者に対するよりも一層洗練せられたる調理技術を要するに至った。（昭和十七年版『海軍厨業管理教科書』）」

患者食にはいっそう洗練された調理技術が大切だとして、教育にも力をいれていた。患者食の種類は概ねつぎのように区分され、それぞれの食事をつくるうえでの栄養管理のポイントが示されている。現在、患者食は医療サイドの食事箋によって栄養士等専門家が献立をつくるが、当時はまだ栄養士の専門性が十分認知されていない時代でもあったので、その点では海軍の取り組みは進んでいたといえよう。

〈患者食の種類〉

有熱患者食、適応食（病人が一般に食べる重湯、粥、卵など）、消化器病患者食、腎臓病食、肝臓疾患食、脚気患者食、糖尿病患者食、悪性貧血その他の貧血患者食、動脈硬化症患者食、心臓病患者食、結核病患者食、外科に於ける食餌。

レバー料理が多いのは多分にビタミンB_1神話からきているようである。レバーはいまでこそやきとり店や居酒屋の定番料理であるが、戦前まではレバーが一般家庭で食べられることは少なく、おもに病人用食材として扱われることが多かった。一方では、レバーペーストなどはホテルのカナッペ材料として珍重されてもいた。

ちなみに、レバーペースト缶詰の発売は昭和三十四年のことで、それも離乳食商品だったことからもレバーはまだ一般食材としての地位を占めていなかったことがわかる。蛇足になるが、このころからインスタントコーヒーをはじめ多数のインスタント食品が国内で出回るようになり、国内の食生活は急速に変化するようになる。

レバーを使った患者食の筆頭「犢レバコロッケ」をイラストで再現してみよう。いまどきの料理名になおせば、「子牛レバーのコロッケ」というほうがわかりやすい。

料理材料でいえば、子牛（犢、仔牛　英veal仏veau）とは生後二ヵ月から十ヵ月までの若い牛をいい、肉質が淡白で柔らかい高級肉をいう。いかに海軍とはいえそこまでこだわって素材を手に入れたとは考えられないので、子牛は献立上のCMで、実際は成牛肉でもよいと思われる。

〈犢レバコロッケ（四人分）〉

材料＝牛レバー二百五十グラム、じゃがいも三個、たまねぎ二分の一個、バター、塩、こしょう、揚油。

戦前は一般の家庭ではあまり食べられなかったレバーの味を知っていたのは海軍の患者だったかもしれない。レバー食べたさに患者になったという話は聞かないが、レバー料理を民間に広めたのは案外、海軍の患者体験者だったという推測もできる。

　海上で発病した患者は、当然、いつまでも艦内に留めおかれるわけでなく、早急に陸上医療施設に移されることになるが、海軍には特設病院船もあったので、病院船に収容されたあとの移送期間は軍医科士官の処方によって船内で症状に応じた食事の供給を受けることがで

レバーは細かにきざみ、塩こしょう
じゃがいもをゆでて水気
切り軽くつぶす
じゃがいもは切って水にさらす
じゃがいもと混ぜる
みじん切りのたまねぎを炒め
レバーを加える
8個分に分ける
形をととのえる
とき卵をつけパン粉をまぶす
十分冷ましてから揚げる
きざみキャベツ、クレソン
とともに盛りつける

きた。

そのため、病院船には患者用栄養食品を常備していたが、昭和十二年十月の定額表によれば、その品名と数量はつぎのようなものであった。嗜好品も多いが、それが直接患者の口にどのていど入ったものかどうかは定かでない。ウニ、タイ味噌、水あめ、チョコレート、ぶどう酒など、だれの口に入っていたのか知りたくなる。

〈特設病院船が保有する栄養食品の品目・数量〉

缶詰牛乳四百キロ、牛乳エキス六キロ、肉ペプトン六キロ、葛粉六キロ、オートミール十五キロ、乾饂飩四十キロ、紅茶、コーヒー、ココア類四十キロ、白砂糖六十キロ、葡萄酒二十三リットル、味噌百二十キロ、紅生姜十五キロ、でんぶ類六キロ、雲丹八キロ、水飴十二キロ、鰹節六キロ、鯛味噌十二キロ、チョコレート十二キロ、コーンスターチ十二キロ。

海軍と栄養学について加筆すれば、海軍とかかわりの大きかった前出の佐伯矩博士に筆者は昭和三十四年三月から六月まで直接師事した勤務体験があり、きわめて短期間ではあったが、当時八十三歳の博士（当時、佐伯栄養学校校主）からいくつかの薫陶を受けた。

その中でも「人口は増えないといけない。人類が生きている以上、食糧は何とかなる」という言葉は、もっとも印象に残っている。

17 グルメだけでなく、成人病予防料理も〈青ざかなの活用と料理の工夫〉

海軍といえば、洋食を食べたり、特別にうまいものばかり食べていたような印象をうけるが、もともと脚気や壊血病の原因が食べ物にあるとわかってから、栄養管理は一に食べ物にあり、として糧食の医食同源的価値を認めていた。

青ざかなは成人病予防によいといわれるが、昔はタイやヒラメこそ高級魚で、サバやイワシは下賤な魚とさげすまれていた時代があった。初代国立栄養研究所所長だった佐伯矩博士が、芝白金の自宅に出入りする魚屋に「青ざかなを毎日届けるように」というと、「先生、あたしらはお届けするお屋敷が自慢の商売です。イワシを仕入れたりすると仲間からバカにされるんで、それだけはご勘弁を」と、情けない顔をしていたという話を筆者の学生時代に佐伯博士から聞いたことがある。

昭和のはじめのイワシは、そのていどの位置づけだった。

そういう時期にイワシやサバが体にいいといって、海軍は大いに青ざかなを食べることを奨励していたのだから、健康管理にかなった献立が多い。もっとも、イワシやサバに含まれるＥＰＡ（エイコサペンタエン酸）がコレステロールの体内蓄積を防ぐことがわかったのはあとのことであり、当時の海軍がそこまで理解していたわけではないようである。

そもそもコレステロールという科学用語が使われだしたのは戦後のことで、とくに日本人の暮らしの中に浸透しはじめたのはずっと遅い時期である。筆者が栄養学校に入学したのは昭和三十二年だったが、コレステリンというよびかたで、それもはじめて聞く用語だった。まだ動脈硬化など病理との関係はまったく問題にされず、脂肪に多く含まれているコレステリンは体内活性化を促す大切な要素として学んだ。戦後の食糧事情の影響もあり国民の脂肪摂取量は不足で、厚生省では一日四十グラム摂取を目標にしていたくらいであった。

日本人の脂肪摂取量の年次推移では、昭和二十五年（一九五〇年）十八・〇グラム、三十年（一九五五年）二十・三グラム、三十五年（一九六〇年）二十四・七グラムとなり、食生活が豊かになる四十年代後半に入ると一挙に五十グラムを超え、昭和五十五年以降は六十グラムに近い数値がつづいている。一般にコレステロールという言葉が定着し、動脈硬化の元凶とされるのは昭和四十年代のことで、これらのデータとも符合する。とり過ぎによる弊害が目立ってきたからである。

もちろん、海軍時代の教科書にはコレステロールのコの字さえ見あたらない。

海軍料理に話はもどる。

病気になってしまってからの献立については「患者食」の項で扱ったので、ここでは主として大衆魚や手近な食材を使った成人病予防料理ともいうべきものを紹介する。

成人病予防といえば、食生活の中では肉と魚にポイントがある。コレステロール沈着による成人病予防にはEPAの多い魚がよいといわれる。EPAは脂肪酸の一種で血管の透過性を高め、白血球や小腸の運動を活発にする働きがあるため、青ざかな（青もの）が近年、見なおされるきっかけとなった。

（注、エイコサペンタエン酸とは、炭素数二十個で二重結合を五個持つ高度不飽和脂肪酸を指す。コレステロールがからむ生化学はたいへん理解しにくく、EPAばかりでなく、DHA〈ドコサヘキサエン酸〉とかHDL、LDLといった因子や血糖値との相関関係も深く、正直いっておもしろくない。複雑な研究実績もあるが、ようするに食品成分表の不飽和脂肪酸だけの数値で魚の良否を判定することは困難である。したがって、本稿では漠然とした俗称の「青ざかな」としておく）

一般に青ざかなといわれる大衆魚は、海の魚の中で、背中の皮が青っぽい、アジ、イワシ、サバ、サンマ、コノシロなどが代表魚。EPA含有量の多い魚類として、そのほかに身欠きニシン、ブリは当然としても、養殖ハマチ、マグロ脂身にも多く、意外にもスジコが含有量の筆頭に上がっているから、専門的な分類は複雑になる。

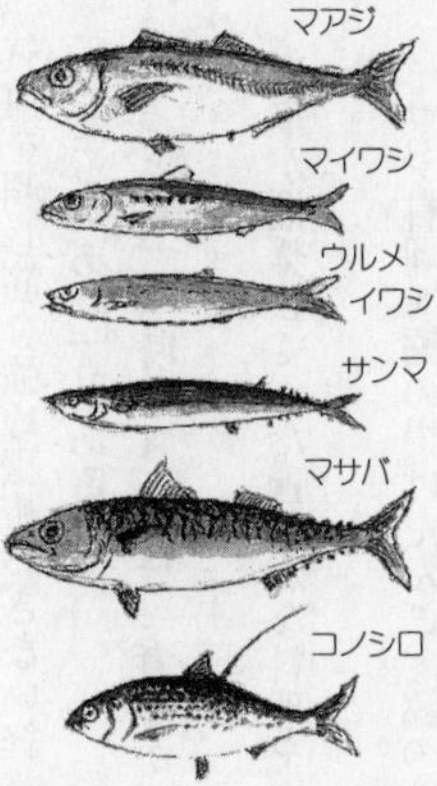
マアジ
マイワシ
ウルメイワシ
サンマ
マサバ
コノシロ

エイコサペンタエン酸などとむずかしいことをいわずとも、青ざかなが健康にいいことは昔からわかっていた。元禄年間に人見必大という医家が著した『本朝食鑑』という食べもの百科事典にもイワシが

「気血を潤し筋を強め臓腑おぎない経絡を通す。老いを養い虚弱を直し人を強健にして長生きさせる効あり」とある。

もっとも、当時の食べ方は、煮るか、焼くか、干すかくらいで、すり潰すのは工夫が要った。

海軍が推奨していた青ざかな料理を海軍研究調理献立集からとりあげてみる。

イワシ料理＝鰯の揚げだんご、鰯のそぼろ粉吹き馬鈴薯、鰯のトマト煮、鰯コロッケ、鰯のフライ、鰯のさつま揚、潰し鰯のバタ焼、鰯のマリネー、鰯の芥子焼、鰯のポジャスキー、鰯のだんご汁、鰯の卯の花和え、鰯のフリッター、鰯の叩き蒸し。

サバ料理＝鯖の湯引き卸し酢、鯖の黄金焼、鯖の芥子焼、酢鯖ケチャップソース。

アジ料理＝鯵の酢醤油漬、鯵のトマト煮、鯵のバタ焼、鯵のカレー焼。

これらは献立の一部であるが、とくにイワシ料理は多彩で、多菜と言い換えてもいいくらいよく考えられている。イワシは大衆魚とはいいながらも漁獲量に波があり、最近は価格変動の激しい代表魚になっているが、戦前は、イワシ、ニシンといえば安い魚の代表だったから、健康にもよい魚であるなら大いに食べさせようというのが海軍の考えだったようだ。集団給食で魚といえば焼くか、煮るかが主な料理だったものを、すり身（揚げだんご、さつま揚、コロッケ）や酢の物（マリネー）にして兵食として食べさせるというのは、当時としてはユニークな料理法であった。

下士官兵ばかりでなく、士官用メニューとして青ざかなを使ったものもある。海軍研究調理献立集の作り方説明に基づいてイラストで再現してみる。

〈鰯のそぼろ粉吹き馬鈴薯〉

材料＝マイワシ、たまねぎ、しょうが、ごま油、砂糖、醤油、塩、こしょう、じゃがいも。

〈鰯のトマト煮〉

材料＝マイワシ、トマト水煮缶、にんにく、たまねぎ、小麦粉、オリーブ油、塩、こしょう、パセリ。

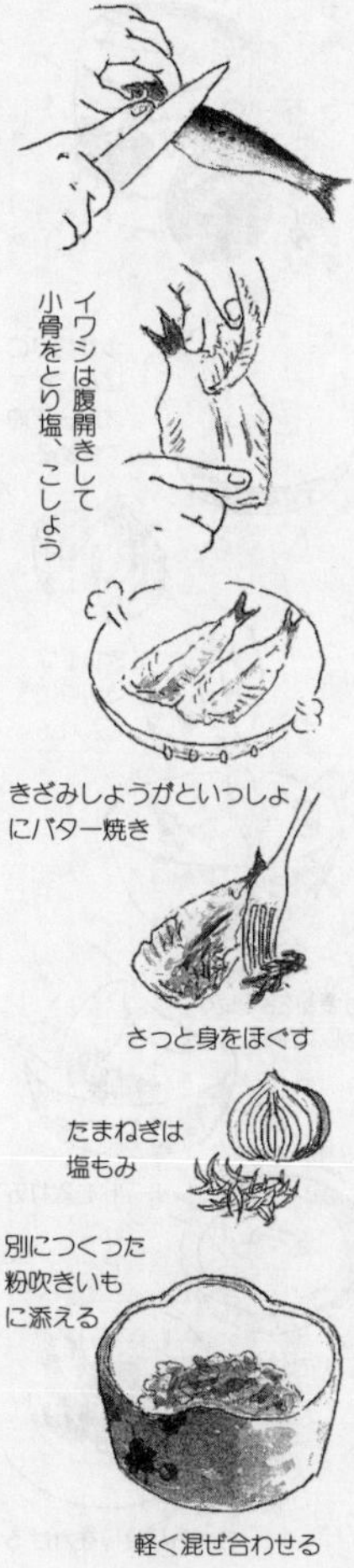
イワシは腹開きして小骨をとり塩、こしょう
きざみしょうがといっしょにバター焼き
さっと身をほぐす
たまねぎは塩もみ
別につくった粉吹きいもに添える
軽く混ぜ合わせる

海軍が野菜をことのほか貴重な食材としたのは、船乗りの宿命ともいえる野菜不足によるものであるが、そのため在来の野菜ばかりでなく、西洋野菜や乾物、塩漬けなど、なんでも食材とし、野菜くずをできるだけ出さない調理方法が厳しく指導されていた。海軍主計兵だ

トマト水煮缶詰はイタリア産サンマルツァーノ種が有名
うす切りのにんにくをオリーブ油で炒める
たまねぎはざく切りにして入れる
頭とワタをとったイワシに小麦粉をまぶしていっしょに炒める
トマトを入れる
弱火で10分
きざみパセリをかける

った人から、「野菜についた泥以外は捨てるなとやかましくしつけられ、長ネギのひげ根はためておいて酢の物にしたり、大根、れんこんの皮ではきんぴらをつくった。もっとも、たまねぎの皮だけはどうにもならなかった」という話を聞いた。

野菜を大切に使う工夫が野菜の栄養成分を無駄にせず、食物繊維やビタミンの効果を高め、成人病予防料理につながったともいえる。

だいたい、船乗りほど不健康に陥りやすい環境はない。大海原を航海する大型帆船は泰西名画や海洋冒険映画で見るかぎりではロマンや憧れを感じさせられるが、乗っている者は高温多湿で寝起きも不自由な居住施設、ピッチングとローリングの連続、船酔い、夜間当直、食事ときたら乾パンに塩漬け肉、チーズにライムジュースといった単一メニューが定番。

大航海時代から時代はくだって、二十世紀の海上生活は食事や航海にともなう肉体労働は大きく変化したものの、変わらないのは運動不足や神経疲労による健康障害だった。空気だけはよいが、潜水艦になるとそれも自由にならない。頼りは食べ物だけということになり、それだけに船乗りは食生活を大切にしたものと思われる。

昭和七年発行の海軍料理書に、その名も「野菜の衛生煮」という兵食献立があるので家庭向きにアレンジして紹介する。

〈野菜の衛生煮（四人前）〉

明治時代、営養（今日の栄養）、衛生、滋養などの言葉の意味が明確でなく、「衛生」は栄養と同じ意味で用いられた。そのため栄養価の高い卵、牛乳、スープを応用した料理は衛生料理といわれ、卵を入れただけでも「衛生煮」とか「衛生椀」とよばれた。

材料＝たけのこ八十グラム、黄にら一束、干椎茸二枚、鶏卵二個、中華スープの素。

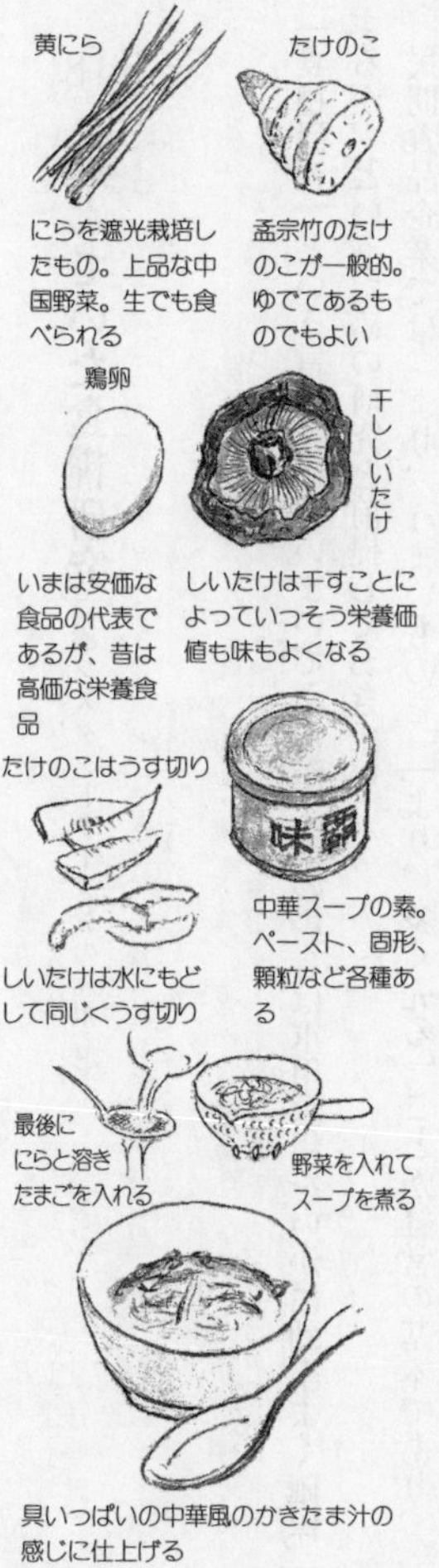
黄にら
にらを遮光栽培したもの。上品な中国野菜。生でも食べられる
たけのこ
孟宗竹のたけのこが一般的。ゆでてあるものでもよい
鶏卵
いまは安価な食品の代表であるが、昔は高価な栄養食品
干ししいたけ
しいたけは干すことによっていっそう栄養価値も味もよくなる
たけのこはうす切り
味覇
中華スープの素。ペースト、固形、顆粒など各種ある
しいたけは水にもどして同じくうす切り
最後ににらと溶きたまごを入れる
野菜を入れてスープを煮る
具いっぱいの中華風のかきたま汁の感じに仕上げる

18 進んでいた食糧研究〈インスタントラーメンの元祖も〉

「食糧研究」という言い方はあいまいであるが、この場合は軍用食糧をいかに効率よく確保するか、というための研究と前提しておきたい。

民間食品企業では「より、うまいものを」「より、多く売る」ことが経営の基本であり、そのため製品をいかにPRして売り上げを高めるかが競争の要訣であろうが、軍の食糧(「糧食」が適当であるが、便宜上「食糧」とする)研究は、競争相手がないため商業性は度外視してもいいから兵員の士気を高め、戦闘力を発揮できる食品を開発するというところに違いがある。

同じ軍事的研究開発でも造船、武器分野になると重大性に差があり、用兵側の果てしない要求性能に応えねばならない課題と、できあがったものは絶対失敗は許されない宿命があり、そのため過酷なまで心血を注ぐことが要求される。日本海軍史上有名な昭和九年の水雷艇「友鶴」の転覆事故や、その翌年の第四艦隊の艦首切断事件などは大惨事としてよりも、無理に無理を重ねた当時の造船設計が教訓となり、緊要な研究開発を要することとなった代表例である。

（注、友鶴事件＝昭和九年三月に佐世保港外で訓練中、荒天のため〈軍艦〉がひっくり返るという世界的にもめずらしい事故で、用兵側の要求を容れた設計に無理があったことが判明した。第四艦隊事件＝昭和十年九月、岩手沖で演習中暴風に遭い、駆逐艦「夕霧」「初雪」の首がもぎとられ、ほかにも空母など十隻あまりが大きな損壊を受けた事故で、これも造船技術に起因、以後の艦船建造に大きな教訓を残した）

第四艦隊事件で船舶設計に大きな教訓を残すことになった吹雪型駆逐艦。「夕霧」「初雪」はこのタイプ（1,680トン）で20数隻造られた

その点、同じロジスティックス（兵站）分野でも食糧の改善は、開発目的や研究過程が枠にとらわれず、売り上げ実績は関係なく、失敗しても経営責任はあまり問われないというためか、かえって奇抜なアイデアが生まれたのではないかとも考えられる。

それなら研究担当者が気楽に食べ物の研究ができたということではなく、とくに主計担当者には食糧が不足してもそのために補給が欠乏するということは任務として許されないという無茶な使命が課せられるので、やはり研究は必死だった。

軍での食糧研究の結果や過程が戦後、民間で応用され、のちに人気商品として定着したという例はあるが、それはのちに譲る。

海軍の食糧研究についての話が遠回りとなったが、昭和初期、とくに日中戦争が起こる昭和十二年ごろまでは軍需物資としての食糧は比較的調達しやすく、陸軍は基本的に「糧は敵に依る」として現地調達していたから中国での戦闘が悪化すると不足が心配になってきた。そのため先に食糧研究に手をつけたのは陸軍のほうだった。

陸軍と海軍は戦地ではけっこう仲良く協力し合っていたようで、大陸で、海軍が大豆を陸軍に譲ると、数日後にはそのお礼としてうまい豆腐や納豆が返ってくるということもあった。陸軍の中にはよほど食糧の取り扱いに熟知した将校がいたようである。海軍ならいらないというものでも、残ったらドラム缶にいれて穴を掘って氷と一緒に埋めておくといって、もらえるものは何でももらって利用するという野戦向きの知恵やたくましさは陸軍のほうが勝っていたと瀬間元海軍主計中佐の所見にもある。

その点、海軍士官は妙にもったいぶった貴族的なところがあって、ご馳走を作らせることは上手でも、なんでも食用にしようというバイタリティには欠けるところがあったようで、体質の違いともいえよう。体質の違いというよりも、組織の違いといえるかもしれない。陸軍には師団に後方参謀、部隊に兵站参謀がいて、海軍のように補給は軍需部や主計科まかせでなく、軍をあげて食糧確保に動くという組織になっていた。

太平洋戦争となり、物資が欠乏してくると海軍でも食糧を効率よく利用する研究が必要になった。とくに輸送が困難になってくると、早い話が、醤油やビール、酒は水と樽とビンを運んでいるようなものなので、できるだけ水分を少なくすることはできないか、というテーマと取り組むことになる。生卵は七十・一パーセントが水分、ビールにいたっては九十二・八パーセントが水。水分をとってしまえば目方も容積も数分の一になることはたしかではある。

食べ物はまさしく多くの水分から成り立っていることを、あらためていくつか食品成分表から抜粋してみる。

〈食品の水分含有量（五訂食品成分表による）〉

生鮮野菜＝キャベツ九十二・七％、きゅうり九十五・四％、大根九十四・六％、たまねぎ八十九・七％、トマト九十四・〇％、なす九十三・二％、人参八十九・五％、白菜九十五・二％。

生果実＝いちご九十・〇％、グレープフルーツ八十九・〇％、温州みかん八十六・九％、パイナップル八十五・五％、ぶどう八十三・五％、西瓜八十九・六％、レモン八十五・三％、バナナ七十五・四％。

生魚類＝アジ七十四・四％、サケ七十二・三％（塩ザケ六十三・六％）、マダイ七十二・二％。

水分の果たす役割を考えさえしなければ、この水分をどうにかできないか、徹底的に水分を排除してしまって、食べるときに水分をもどしてやれば復元するはずだという単純な発想に基づいて、海軍は真剣に研究に取り組んだ。

もちろん、技術的な問題解決は民間の学識経験者や研究機関、関連企業の力にも頼った。そうやたらに「コロンブスの卵」が生まれるはずもないが、海軍軍需部は食糧だけでなく、広く軍需物資の確保のためにはなりふりかまわず研究し、うまい話があると飛びついた。

山本五十六でさえ海軍次官のとき、水を石油に変えるというインチキ科学者の話に乗ってしまい、軍需部はじめ、周囲の反対を押し切ってその自称科学者をよびよせて実験させ、自分も立ち会ったことがあったくらいだから、ばかばかしいと思われるようなことでも窮極になると真剣だったことがうかがわれる。

〈注、山本五十六が騙されたという昭和十四年の水ガソリン詐欺事件は、『日本海軍燃料史』所収の「化学に弱かった海軍」〈元第三海軍燃料廠長、渡辺伊三郎少将〉として名高い。さすがの山本五十六もこのあと「水と油の結合」についてはなにもいわなくなったという。このころはそのくらい石油確保に必死だった。ほかにも赤坂のおみき婆さん事件といって、富士山麓に油田があるというので、ときの各閣僚までうちそろって特別列車で現地に赴いて掘削に立ち会ったところ、付着していたサンプルは機械油だったという類似事件もある。〈『徳山海軍燃料廠史』徳山大学総合化学研究所刊、所収〉〉

飛行機から食糧を投下して補給する方法もおこなわれたが、これについては後述する。

食糧研究の中でとくに戦後の家庭食品にまで影響したのは乾燥食品である。食品の保存という目的もあるが、水分を除くことによって超軽量化しようというのが本来のねらいだった。

水分が多いものの筆頭はビールと酒であるが、同じアルコール飲料ならはじめから水分の少ない酒類にすればあるていど解決するだろうということになって、ウイスキーの補給割合が多くなった。しかし、酒が好きな者にとっては、ビールはビール、日本酒は日本酒の味があり、ウイスキーだけですべての酒を代用できるものではない。せっかくのこの「作戦」はあまり実態にあわなかったようで、「ウイスキーもいいが、もっとビールをくれ」ということになってしまった。

醤油や味噌汁をスプレーで加熱ガス中に吹き出すと、瞬間的に水分が蒸発して固形物が残るという原理から、それなりの製品ができあがった。実際できたものに再び水を加えても、もとのような味にはならなかったようであるが、実用品としてかなり使用された。

卵黄を熱風の中で遠心分離機に滴下させて粉末にした乾燥卵は、水でもどせば卵焼きをはじめ、各種の卵料理に使うことができたので海軍ではよく使用した。

乾燥卵は昭和十八年ごろには民間にも出回り、筆者も終戦一年前の六歳のときだったと記憶するが、東京中野区大和町での隣組の常会《じょうかい》で、配給があったのか「カンソウタマゴ」だといってうすい黄色の粉末（角缶に入っていた）を戸数にあわせて親たちがスプーンで分配していたのを覚えている。乾燥卵は海軍で研究していたが、民間でも並行して応用され、戦局から統制食糧品として国民にも配分されるようになったものか、その事情は不明である。

戦争の敗色が濃くなると、国民の間での〈食糧研究〉も真剣だった。昭和十九年発行の『週刊毎日』（現在の『サンデー毎日』）に「食べられるもの色々」としてヘビトンボやカワゲラの幼虫の佃煮、蚕のサナギの煎り煮など、虫けらを食べて頑張ろうという記事があることが『近代食文化年表』（雄山閣）に記録されている。ゲンゴロウ虫は羽、足、頭をもぎ、腹だけを醤油で煎り煮にするのだという。

陸軍でも科学的な研究開発以外に、野戦的とでもいうべき現地向きの食品研究がさかんにおこなわれていた。乾燥甘藷を使った芋てんぷら、きんとん、乾燥ばれいしょを使った煮しめ、乾燥隠元豆と混ぜて使うばれいしょきんとん、その他、乾燥里芋、乾燥ごぼう、乾燥人参、乾燥れんこん、乾燥かぼちゃ、なかにはくわいや百合根も乾燥させて食材とする料理の作り方が陸軍省発行の『軍隊調理法』にもある。

たとえば、前記の乾燥した人参、ごぼう、れんこんで作る鉄火煮の原文はつぎのようになっている。

〈乾燥品を用いた鉄火煮（陸軍のレシピから）〉

一夜水に漬け置きたる胡蘿蔔（注、人参のこと）、牛蒡、蓮根を小さく賽の目に切り、ちょっと湯煮をなし、水を切り、胡麻油または種油にて炒め置き、別に鍋に水一合〔約百八十ミリリットル〕、醤油三勺〔約五十四ミリリットル〕、砂糖十匁〔約三十七・五グラム〕の割合をもっていったん煮立てたるのち、油にて炒め置きたる野菜類を加え、なお水漬け青豌豆の煎りたるものを入れ、まぜつつ、かつこれに水を加え、ゆるめたる裏漉し味噌および少量の唐辛子粉を加え、かきまぜつつ汁分の残らざるよう煮付くるものとす。

昭和十二年発行にしては新旧文体が入れ混ざり、そのうえ約二百三十字にわたって句点のない長文で、手順を追いながらでないと読みにくいことこのうえないが、ようするに、乾燥野菜を水に漬けて煮たものに煎った青豌豆を入れ、味噌で味をつけるというものである。

海軍の食糧研究にもどる。もっとも注目したいのが真空乾燥である。減圧した容器の中で急速に脱水するので栄養成分を損なうことなく、重量容積ともに軽量化でき、保存性もすぐれるという長所が多いことがわかった。インスタントコーヒー製造の原理である。せっかくの有望な開発だったが、研究途中で終戦になってしまった。

しかし、この技術研究は戦後、民間企業で継続され、昭和四十一年の南極観測では砕氷艦「ふじ」の糧食として搭載され、逐年改善されて品質も向上するとともに品目も増え、その後の砕氷艦「しらせ」へと継承されていった。

筆者は、昭和四十七年に海上自衛隊横須賀補給所で艦艇への食糧、需品を補給する担当部署にあり、南極観測に協力する砕氷艦が氷に閉じ込められて動けなくなったときや越冬隊員の食糧となる乾燥食品の領収検査や試験調理に立ち会う機会があった。

試食会でも全般に好評であり、とくに鶏卵、ほうれんそう、ねぎ、白菜、やまいも、ピーマンは水を入れて還元すると十分その持ち味を発揮した。ニッカウイスキーに特別に調整し

対潜哨戒機P2Jから糧食の投下試験の模様。
左はパッケージの例。
P2Jはアメリカから供与された、P3Cの前の海上自衛隊機

てもらってアルコール度を四十八パーセントにしたものを〈コンクジュース〉とよび、これも好評だった。水分をすくなくし、飲むときはうすめるというものだったが、四十八パーセントのまま飲んだほうがうまいこともわかった。仕事の上での真剣な研究会であったが、なぜか終わったころにはみな赤い顔をして、話し声も一段と高く、賑やかになっていた。

米や小麦粉をアルファでんぷんの形で保存できれば、そのままでも食べられることから、乾燥米や即席めんの研究もおこなわれた。

海軍の食糧研究は終戦により中途半端に終わったものが多いが、その技術は残り、戦後、ベビーフードの「αフラワー」（森永製菓）や各種インスタントラーメン、乾燥食品のように、ノウハウは現在、インスタント食品にも利用されている。

飛行機から陸上に食糧を落として補給する方法も実際に南方でおこなわれた。数量が限られるため気休めに過ぎないが、精神的支援としての効果はあったようである。

昭和五十三年、海上自衛隊でも生鮮品を空から艦艇に補給する試験をしたことがある。

筆者は担当幕僚だったため計画段階からかかわり、当日は一緒に対戦哨戒機に搭乗して実験に立ち会った。

日向沖で五百フィートの上空から物量用落下傘をつけて西瓜やトマト、キャベツなど数種の生糧品を海上に待機する護衛艦の近くに落としたが、その中でいちばん安全だったのが生卵とは意外だった。生卵は市場流通の段ボール箱詰めのままコンテナーに入れて投下したものであったが、八百二十個中、殻が壊れたのは七十七個だけで、じつに八割近くが無キズだった。卵は縦の衝撃に強いことがあらためて証明された。

19 艦内生産で自給自足〈豆腐、納豆、もやしから羊羹、ラムネまで〉

海軍では「艦内生産」といって、豆腐、納豆、もやしなど日常食品は少しでも艦内で製造することが奨励されていた。

とはいっても、戦艦、巡洋艦や駆逐艦で豆腐を作っているひまはないが、前線部隊で生糧品（生鮮野菜、生獣魚肉類等）補給がむずかしいときのことを想定して主計兵を教育していた。実際、太平洋戦争になると南方では、駆逐艦でももやしやみつばを栽培していたという体験談もある。

『海軍厨業管理教科書』（昭和十七年一月、海軍経理学校刊）に、

「糧食品を貯蔵、生産する目的は『軍の全能力発揮』にある。（中略）生産の目的は生糧品の保続日数を延長せんとするにあるが、猶、南方方面に於ては、高温を利用して蔬菜の速成栽培を行ひ、ビタミンB、Cの補給を策するにある」

とあり、豆腐、もやし、納豆、豆乳、漬物などの作り方が詳しく記載されている。

豆腐を例にとると、粉砕した大豆、または、大豆から作った「豆腐の素」を煮沸し、絞っておからを取り分けたあとの豆乳をニガリで凝固させ、木綿を敷いた箱に流す、という一連

の作業は本格的な豆腐製造工程そのものである。民間では豆腐屋は早起きしなければならないが、海軍の豆腐屋が違うのはそこだけである。もっとも、朝から晩まで豆腐だけ作っているわけにはいかないので、合間をみてこんにゃくを作ったり漬物を漬けたりしていた。漬物では塩漬、酢漬、糠味噌漬があり、糠味噌には、つぎのように書いてある。

〈糠味噌の作り方〉

　食塩四百匁を微温湯四・三升に溶かし、米糠一斗を入れて撹拌す。三日間は毎日午前午後一回あて手を入れて撹拌す。甘味をつけるにはこの糠味噌の底へ茄別の芯、大根、昆布、鮭の頭、酒粕を入れる。夏、蛆の発生を防ぐには蕃椒二、三本、芥菜を入れるとよい（注、蕃椒はとうがらし。芥菜はからし菜）。

と糠床《ぬかどこ》の作り方を述べたあと、キャベツ、きゅうり、なす、大根、白菜などの漬け方が詳しく説明してある。軍隊の出版物とはいえ、もうこれは立派な料理書、おふくろの味。

それにしても軍艦の中で、帝国海軍軍人が毎日午前と午後一回ずつせっせと糠床をかき回していたとは考えられないので、実際には塩漬ぐらいで留まっていたものと想像する。

　その点、もやしは気を利かせた主計兵が、こまめに栽培していたようである。壊血病予防のためのビタミンC補給の意味もあり、艦内でのもやし栽培は明治時代から奨励されていた。ちなみに大豆を原料にした「長もやし」の作り方を海軍教科書どおり転記してみる。

〈大豆もやしの製法〉

　白大豆の品質優良なるものを選び、約一夜水に漬けて十分水を吸収させた後、樽底に排水の小孔数個穿ちたるものに、砂を二三寸の高さに盛り、之に大豆を一粒ずつ並べ、わら又は水苔等で被い（むしろにても可）温暖湿潤なる暗所に置き、朝夕一回宛微温湯を注ぐ。次第に幼根が生長し一週間乃至《ないし》二週間で全長五、六寸に達し、白色の長モヤシとなる。一升の原料より三十束（一束は幅四寸厚さ一寸）内外を得。

全艦冷暖房のなかった当時の艦艇はどこも「温暖湿潤」で電気を点けなければ「暗所」なのでもやし栽培には環境は最適、できたもやしは味噌汁の実として喜ばれた。

もっと大規模な食糧生産艦があった。

海軍には特務艦といって、特別な任務をする機能を備えた船がいろいろあったが、「間宮」は食糧品を補給するための特務艦で、「給糧艦」といった。

間宮は大正十三年に竣工した基準排水量一万五千八百二十トン、いちおう高角砲や十四糎砲はあっても、いわば貨物船タイプ。昭和初期からパラオなど艦隊の訓練泊地まで糧食を運んで配給するのが任務の艦であった。乗組員も二百八十名のうち主計科員が百七十名、そのうち百名前後は軍属の民間人（雇員）という配員であるから民間船に近いが、連合艦隊付属の船だった。

野菜や肉、魚などの生糧品を、艦隊乗員を数週間養えるほど大量に積めるばかりか、艦内で豆腐、納豆、こんにゃくはもとより、食パン、菓子パン、ようかん、もなか、アイスクリーム、ラムネ、氷などが生産され、嗜好品は酒保で販売されていた。とくにもなか、ようかんは「間宮最中」、「間宮羊羹」とよばれて評判が高かった。もなかなら一日六万個も作れた

給糧艦「間宮」。大正13年、神戸川崎で建造。15,820トン。
18,000名分の糧食3週間分を搭載できた

というから相当な生産能力である。

真水が不自由な艦隊へのサービスで風呂もあり、クリーニングも請け負い、艦隊随一の医療設備も持っていたので、風呂屋の煙突のような「間宮」の長い一本煙突が見えると艦隊の乗組員は大喜びし、士気が上がったといわれる。

「戦争中、海軍兵にもっとも愛された船」という言い方はおかしいが、「間宮」が来ると士官はここでクラス会をやるなど、動く奥座敷（ただし、女っ気はない）としても使われたから、給糧艦「間宮」こそ、海軍兵ばかりでなく将兵全員に愛された船だったといえよう。

「間宮」は牛舎まで備え、後部甲板には食肉解体場まで備えていた。明治海軍では軍艦に生きた牛を積んでいたこともあるが、昭和の時代ではさすがに生きたままの牛を積むことはなく、解体場もほかの用途に使用されていた。解体技術を持つ人がいないことや飼料管理がむずかしい反面、冷凍技術が発達した

ことによるが、そのかわり、戦争がはじまるまでは年に一回、満州方面へ大量の牛肉を買い付けに行っていた。このような艦隊支援は当時であっても海軍だけでは手に負えるものではなく、開戦までは民間の水産会社、とくに戸畑の日本水産（株）や下関の林兼商店＝のちの大洋漁業（株）、現マルハ等による補給支援も大きな力になった。

「間宮」一隻だった給糧艦は、昭和十六年十二月の開戦数日前に待望の第二艦「伊良湖」が竣工、ほかに「野崎」「杵崎」「早崎」「荒崎」など特設運送船も加わり、三十数隻が日中戦争、太平洋戦争を通じて給糧艦として従事する。しかし、戦況が苦しくなると裸同然の装備では身動きできず、「間宮」も昭和十九年十二月、海南島東方海面で米潜水艦「シーライオン」の魚雷を受けて沈没した。

昭和十七年末から半年、「間宮」主計長だった角本國蔵少佐が昭和三十七年当時、海上幕僚監部厚生課長のとき、筆者はたまたま三月末、江田島からの出張のおりに同課長から「間宮」勤務のエピソードを聞く機会を得た。トラック島へ運ぶ野菜保管の苦心談だったが、「江田島はどうか」といわれるので「もう桜が咲いています」というと、「間宮」で国防婦人会から慰問品につぼみをつけたひと抱えの桜の枝を委託されたので、冷蔵庫に入れてなんとか運び、トラック島で冷蔵庫から出したら数分で開花したという話を聞いた記憶がある（この話は瀬間喬氏の著書『日本海軍食生活史話』でも紹介されている）。

旧軍は陸海軍ともロジスティックス（後方支援）を軽視したともいわれ、実際、海軍においても兵站部の能力の現状と限界をあまり考慮しない作戦行動をとったともいわれるが、補給専門の艦の必要性に着目し、整備を充実していったことは評価されてよい。ただし、これらの後方機能の実現には当時の軍需部のたいへんな努力があったことはあまり知られていない。

「間宮」の実績と関係者の努力が実って出来たのが「伊良湖」（九千七百五十トン）で、「間宮」に次ぐ大型給糧艦であった。しかし、「伊良湖」もフィリピンのコロン湾で命運が尽きる。元主計長石踊幸雄大尉（海経二十八期）が海上自衛隊第一術科学校補給科長のとき、同氏の部下だった筆者は「伊良湖」の最期の模様を聞くことができた。

マニラ南方二百マイル、パラワン群島の湾口に避退したところへ、米軍機八十機の大編隊に寄ってたかっての空襲をうけて艦は着底し、多くの乗員が死傷するなか、石踊主計長も負傷しながらも九死に一生を得、無人島で救援を待つ身となった。無人島といってもロビンソン・クルーソーのような孤独な生活ではなく、生き残った数百名の兵員との生活なのでいちばんの問題は食糧確保にあり、いかに糧食を運搬するのが役目の船でも、食べるものがなくなっては情けないことこの上なく、また、戦闘の恐ろしさは言葉で表わせないということを聞いた。

ただ、恐怖の中で部下を叱咤激励し、自分も血まみれになりながらも冷静だったのは、海軍士官として恥ずかしくない死に方をしたいという気持ちだけからだったそうで、生き残ったほかの士官にあとで聞いてみると、みな同じ戦場心理を述懐していたという。

昭和二十年になると、トラック島に司令部を置く連合艦隊は敵の空襲を避けるために分散

南方の毒魚の例

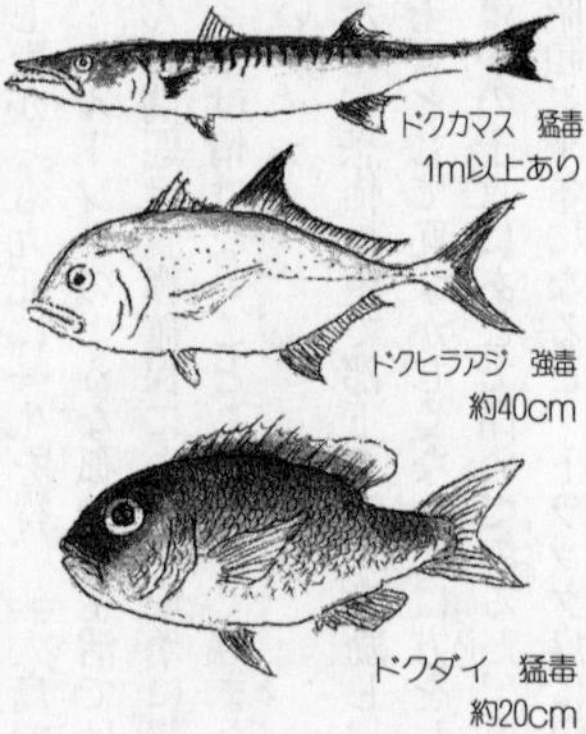
ドクカマス　猛毒
1m以上あり
ドクヒラアジ　強毒
約40cm
ドクダイ　猛毒
約20cm

し、連合艦隊付属だった残りの給糧艦も活動しようにも動きがとれなくなってしまった。

南方の戦線がはかばかしくなくなると艦内生産はおろか、現地生産もおぼつかない状況となり、食べられるものはなんでも研究して食用にした。南方には毒魚が多いため、毒魚図鑑などを手がかりに命がけで試食し、「これで死んでも名誉の戦死となるのだろうか」と心細い思いをしながら〈任務〉を遂行したようすが瀬間喬氏の著述（前出）にもある。

南方の毒魚に関して前出の『海軍主計大尉小泉信吉』（小泉信三著）にリアルな記述がある（昭和十七年九月二十二日付の書簡）。

それによると、釣った三尺の平鯵を、元魚河岸にいた一等水兵が刺身にして主計科仲間で食べたところ、夜になってその一水「フィビエタ（しびれた）」といって体が動かなくなったという。看護兵がヒマシ油を飲ませて看護し、幸い軽いフィビレですんだものの南海の魚にはよほど注意しないと恐ろしく、自分は食べないからご安心下さい、と軽妙な筆致で父親に書き送っている。

艦隊花形の給糧艦も戦局終盤により、艦内生産も終焉を迎えるほかなかった。

20 虎屋に負けない「間宮」羊羹の秘密〈和菓子づくりなら海軍におまかせ〉

艦内生産によって海軍ではいろいろな生鮮品や嗜好品を作っていたことは前章のとおりであるが、とくに和菓子づくりの技術はそうとう高かったといわれる。

銘菓の老舗「虎屋」には憚《はばか》りがあるが、「間宮」羊羹《ようかん》を評して「虎屋よりうまい」とさえいわれた。創業が室町時代にさかのぼるといい、東京遷都とともに京都から赤坂に移ってきた格式高い和菓子の大老舗とくらべられるとはたいへんな光栄であるが、冷静に考えると、昭和十五年ごろになると早くも物資が不自由になり、いかに虎屋といえども原料の小豆や砂糖がままならなかったのかもしれない。その点、軍にはまだ銃後の支えもあって原料が手に入りやすかったから、質の確保ができたのだとも考えられる。

もっとも、和菓子は原料さえあればいい製品ができるというものでもない。やはり職人的な腕と根気が要《い》る仕事である。いかに経理学校で菓子の作り方を習ったというだけでは不足だったようだ。

「間宮」のような給糧艦には本職の菓子職人がいたから、和菓子のように最後まで手抜きができない工程の食べ物づくりはかえって張り合いのある仕事でもあった。

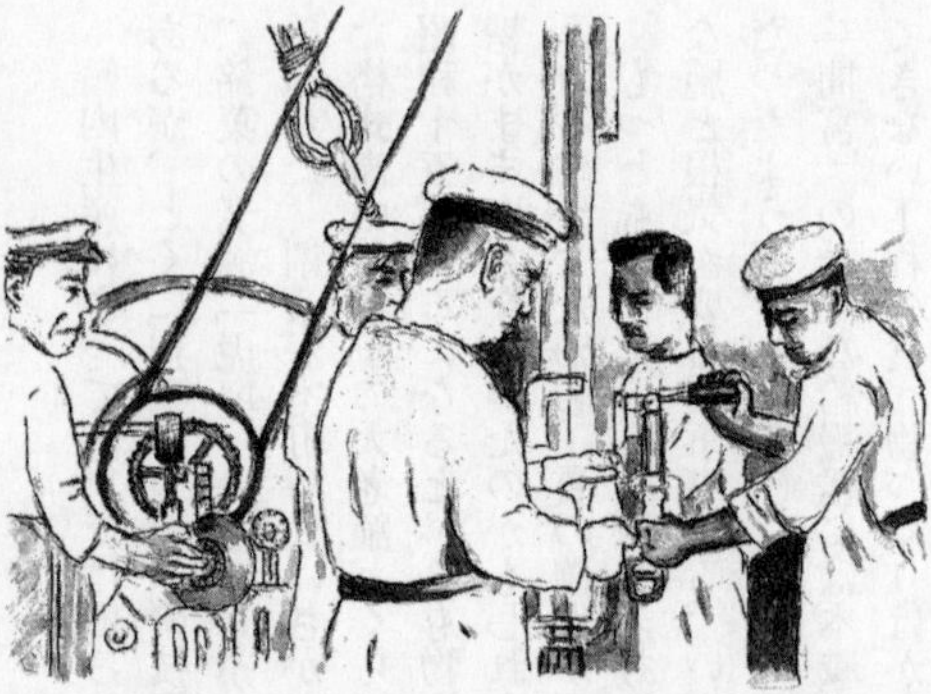

給糧艦（「伊良湖」と推定される）でのラムネ製造光景。無帽の作業手は傭人らしい（海軍資料写真より）

戦争末期に駆逐艦「梨」の主計兵だったという人が海上自衛隊にいた。どこで習ったのか、菓子づくりにかけては本職顔負けで、和菓子ばかりでなく洋菓子にも通じていた。ただ、この人は製造工程がやや乱暴だった。あるときケーキの台を焼いていて、天板オーブンから出すのが数秒遅かったといって、天板をまな板の上にひっくりかえすと、やにわに新聞紙を床に溜まった水に浸し、それをじかにスポンジケーキの上にかぶせて冷やした。ついさきほど掃除のため床を流したばかりの水ではあったが……。

デコレーション用の絞り出し器を器用に使ってじつに見事なバラのつぼみができたと見えたが、尖りすぎているといって金串で挟むや、そのまま自分の口の中にパクリと収め、しばらくして取り出したら、体温で半開きの花びらの先端が丸みを帯び、いっそう引き立って見えた。口にはなにも付いていなかった。これも名人芸なのだろう。

駆逐艦「梨」はめずらしい運命をたどるので、和菓子とは直接の関係はないが、菓子づく

旧海軍駆逐艦「梨」、神戸川崎で建造。
上図は自衛艦「わかば」として復帰後の姿

りの名人を育てた艦として紹介しておきたい。「梨」は基準排水量千二百八十九トンの駆逐艦で、護送駆逐艦として昭和十七年に建造され、終戦の十九日前、米軍機の攻撃により山口県平郡島の仮泊地で沈没、昭和二十九年に引き揚げられ、海上自衛隊の実用実験艦「わかば」としてよみがえった。十年近く沈んでいた艦がもう一度就役し、昭和四十六年まで現役自衛艦として、立派に任務を果たしためずらしい艦である。

昭和四十二年、筆者は要務のため横須賀長浦港ブイに係留中の同艦を訪ねたことがある。そのときの補給長（一等海尉）が前出の元海軍主計兵だった。

給糧艦の軍属はそれこそ本物の職人で、材料の吟味、餡の練りかた、形の整えかたは市販品以上の見事さだったといわれる。

生菓子は練りものともいうが、海軍に菓子づくりで奉公したこともあるという京都の和菓子店の主人が作る練りもののワザを何度か見せてもらったことがある。ようするに、右手親指の付け根部分の腹の使い方にあるということであった。実際その部分と板切れのような道具とはさみを使って梅、鶯、桃などさまざまな形をまるで手品のように作り出して見せてくれた。

「間宮」の和菓子は一日に大福餅なら二万個、焼きまんじゅうなら二万個、もなかはなんと六万個の生産能力があったというから、一大菓子工場でもあった。評判の「間宮」羊羹は二千二百本。サイズはわからないが、食べたことのある呉在住の元機関兵の人が、「このくらいあった」と両手で示す大きさから、現在、虎屋で売っている一本五千円の上物に似た形状だったと想像する。「廉価で正直」をモットーにしていたから、艦隊泊地に行くと、またたくまに完売したという。

甘味品は兵隊にとってなによりの嗜好品ではあるが、これだけの原料を海軍が調達するには、それだけ国民の犠牲もあったことになる。

物資窮乏が激しくなった昭和十七年の冬、南方から大量の砂糖を積んだ給糧艦「伊良湖」が無事に呉に帰港して連合艦隊司令部参謀たちが喜ぶなか、参謀長宇垣纒少将は、「それだけの砂糖があるのなら、児童に回せないものか」といってまわりをシーンとさせたという逸話を海軍の良識として付記しておきたい。

しかし、材料のおかげで技術も継承された。海軍が研究と実用をかねて作っていた和洋菓子をいくつか列挙してみる。名前だけで中身がわからないもの、その名前さえも適当に縮めてしまったもの（カスタプリンなど）もあるが、料理教科書にあるとおりとした。ビスケシヨコラアラビアンノワーズは区切って考えれば大体想像できるにしても、アリュメットボンムなどという原子爆弾のような名前はいったい何だろうか。

士官用菓子＝苺ジェリパイ、アップルジェリパイ、アイシング、アングレース、カスタプリン、グラス、シュークリーム、エクリアシャンチリー、スポンジケーキ、香入乳酪冷菓、香入温菓、ベークドアップル、ビスケショコラアラビアンノワーズ、アリュメットボンム、マデルケーキ。

兵員用菓子＝小豆汁粉、三色汁粉、水晶汁粉、白餡汁粉、二色羊羹、蒸饅頭、蒸かすていら、ドウナツ、パンバタプリン、ピーナツボウル、ダンプリン、バナナの砂糖煮、林檎の砂糖煮、桃の砂糖煮、桜実の砂糖煮、梨の砂糖煮。

経理学校で羊羹づくりの講義をうけたという元主計兵によると、寒天の分量をまちがえないことと時間をかけて餡を練ることに秘訣があるという。艦隊配属になってから、実際に熱い釜を前にして四時間ぶっとおし大汗かきながらで餡練りをやらされた体験を聞いたことがある。汗といえば、日常の調理作業では、「汗が入らないようにやれ、と注意されたことはなかった」とも聞いた。

羊羹をはじめとする和菓子の原料は比較的容易に調達できたものの、寒天の調達には苦心したと伝えられる。細菌培地の素材として外国で日本のテングサが使われていたが、太平洋戦争に入ると戦略的理由から政府が全面輸出禁止して統制したあおりで、民間でも流通が困難になった時期がある。

寒天と日本人の食生活とはきわめて密接な関係があるので、寒天を素材とした海軍的(?)和菓子を紹介する。海軍的とは前記の元主計兵だった人が四十年前、「ケーキもいいけど、寒天と餡を使ってこんな和菓子を作ったこともある」という手真似だけの伝承なので、どこまでがほんとなのか、いまとなっては追究しようがないためである。

〈白餡寒天衣包み〉

(注、材料、作り方とも海軍資料では不詳につき、寒天の製造と用途開発で著名な伊那食品工業(株)発刊『和菓子創造』を参考とした。つぎの金つばも同じ)

材料(十~十二個分)=白餡四百グラム、グラニュー糖二百グラム、塩、寒天パウダー七・五グラム、上白糖二百グラム、水飴百グラム、赤ワイン六十cc、水二五〇cc。

伊那食品㈱に類似の
水牡丹という冷菓がある
白あんはゴルフ
ボールくらいに
寒天を溶かし、シロップ
をつくる
赤ワイン
で色を
つける
あんをホイルに
包みシロップを
流し込む
首をしぼって
冷やす

作り方=グラニュー糖を少量の水を使い弱火で溶かし、白餡を加えて十分煉る。冷えたらゴルフボール大に丸める。寒天を水で溶かしたら、砂糖、水飴を加え、ワインで色をつけ、少し冷ます。湯飲み茶碗とアルミホイルを使って、餡を中身にして寒天を流し込み冷蔵庫で冷やす。本職のようにはできないが、水の量をまちがえなければ楽しい夏向きの冷菓。

〈さつまいもの金つば〉

材料（十〜十二個分）＝さつまいも一キロ、グラニュー糖二百グラム、バター八十グラム、寒天パウダー四グラム、白玉粉百五十グラム、水カップ二百cc、薄力粉七十グラム、上白糖七十グラム、卵白卵一個分。

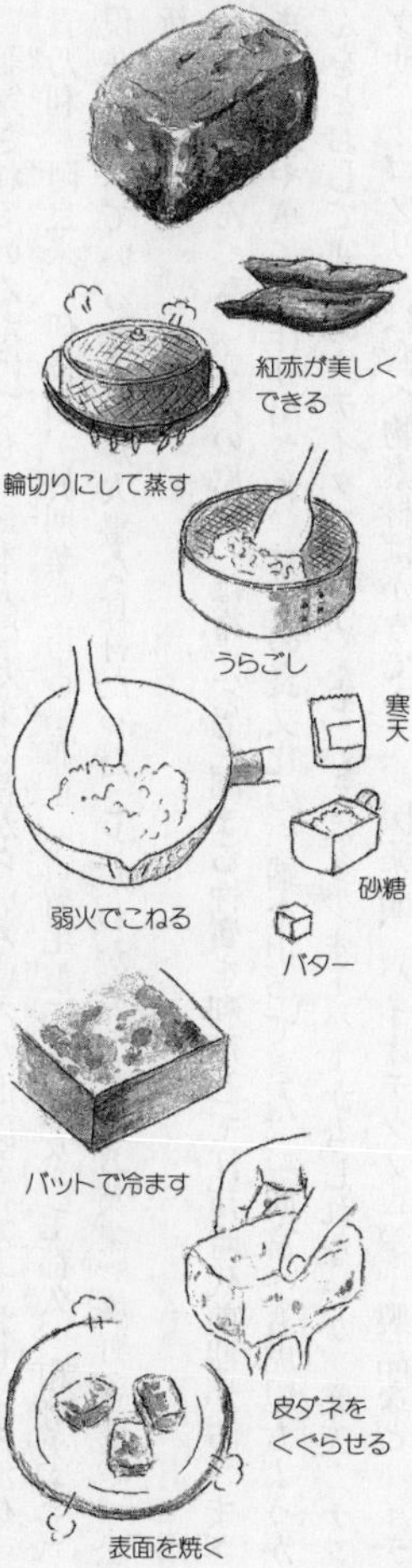
紅赤が美しくできる
輪切りにして蒸す
うらごし
寒天
砂糖
バター
弱火でこねる
バットで冷ます
皮ダネをくぐらせる
表面を焼く

作り方＝さつまいもは厚く皮を剝いて輪切りにして蒸す。蒸し上がったら手早く裏漉し、温かいうちにグラニュー糖、寒天、バターを加えてよくこねる。さらしを敷いた箱に詰め、落とし蓋で強く押して放置する。白玉粉、薄力粉、砂糖に泡立てた卵白と水を加え、とろりとなったものを皮ダネとして、切ったいも羊羹をこれにくぐらせてフライパンで六面を焼く。

記録されているだけでも、日本人は万葉の昔からいろいろな海藻を食べており、阿波佐《あおさ》、青乃利《あおのり》、阿良米《あらめ》、伊伎須《いぎす》、於期菜《おごのり》、古古呂布止《こころぶと》（古留毛波《こるもは》）、此呂女《こんぶ》、毛都久《もずく》、和可米《わかめ》など、現在、食べている海藻類が大事な食材だったことがわかる（『食の万葉集』廣野 卓著、中公新書）。

とくにてんぐさ（寒天の原料）は冷えると固まる性質を利用して江戸時代前期からさまざまな料理や菓子が作り出され、日本の食文化の一端を担ってきた。「間宮」も虎屋もようかんをとおして寒天のステイタスを高めたといえば多少オーバーかもしれないが、寒天（テングサ、オゴノリ）は食べ物素材ばかりでなく、医薬品、バイオテクノロジー製品などハイテク素材として最近ますますの利用価値が増大しつつある。

近代海軍をめざした日本海軍が和菓子の伝統も受け継いだという事跡も評価されてよいだろう。

21 海軍おもしろ料理とまぼろし料理〈うさぎの洋酒煮とは〉

昭和六年の食物年表をみると、海軍軍需部が百五十トンのうさぎ肉を兵食として調達している。海軍が兵食として定めた糧食日額（一日の数量）のうち骨付生獣肉は明治、大正、昭和を通じてほぼ四十匁（百五十グラム）なので、うさぎ肉百五十トンは百万人分になる。うさぎ（兎）は今でこそ日本の家庭では直接料理して食べるということはほとんどなくなり、店頭にも並ぶこともないが、戦前は家庭で飼って、肉は食用、残った毛皮で襟巻きや防寒帽を作ったりしていたので、軍がうさぎ肉を購入していたからといって驚くことではないかもしれない。それにしても、百五十トンを一度に調達したことが食物年表に記録されているというのは、やはりトピックだったのだろう。

海軍がうさぎ肉を何のために使ったのか、説明はのちに譲るとして、当時、日本で食べられていた生肉類について述べておきたい。

昭和初期の食品成分表（藤巻良知・有本邦太郎共著『栄養と食品の科学』による）に記載されている獣鳥肉類を大別すると、牛肉、豚肉、馬肉、羊肉、兎肉、山羊肉、猪肉、鹿肉、鯨肉、鶏肉、鴨、あひる、鳩、七面鳥、鵞鳥、雉、つぐみの十七種となっていて、当時の食材を知る手がかりとなる。もっとも、成分表に書いてあるというだけで、各食品が実際にどのていど食材として使われていたかにはつながらないが、現在の食品成分表（五訂）記載の獣鳥肉類と対比させて食材の変遷を見る参考になる。西洋料理の食材としては今もあるものの、平成の成分表からは鵞鳥やつぐみは姿を消し、ホロホロ鳥などが登場しているのも一興である。

海軍が兵食の食材としていた獣鳥肉は牛、豚、羊、兎、鶏が標準で、鯨もあったはずであるが、どういうわけか鯨を使った献立は少なく、缶詰で「鯨大和煮」がみえるくらいである。海軍経理学校では、とくに昭和初期に専門家を交えて熱心に料理研究をおこない、二百五十ページにわたる研究調理献立集を発行している。当時の民間には名前がないような料理もある。そういう中の、どちらかというとおもしろい名前に惹かれはするものの、作って食べたいという料理ではないものも含めていくつかを取り出し、原文のままあげてみる。

なお、材料、作り方については詳細な資料を欠くものが多いため、説明の大半は東西の料理書を参考にした推定に基づいていることをお断わりしておく。

〈小鯛蟹詰牛酪焼〉小鯛の腹に缶詰のかにをほぐして詰め、バターで焼いたとしか考えられない料理。

〈鯉の麦酒煮〉江戸時代の『料理通大全』に「鯉に古酒ひたひたに入れ煮候て酒の匂いなき時分味噌をさし、だし袋入れ候、味なくば醤油さしてよし」と。酒をビールに代えたものらしい。

〈伊勢海老の叩き焼〉海軍料理では伊勢海老がよく使われている。よほど手に入りやすかったものか。身をたたき風に刻んで殻に戻して焼く。さしみで食べる方がよさそうである。

〈牛肉柳川もどき〉どじょうにごぼう、卵、ねぎなら柳川。どじょうの代わりに牛肉を使ってもたしかに美味しいはずではあるが。牛肉の卵とじといったところか。

〈若鳥ハンガリー風〉ハンガリーといえばパプリカ（とうがらしの一種）の大消費国。トルコ軍のハンガリー侵攻の産物ともいわれ、乾燥後に粉にして調味に肉にもパプリカ、チーズにもパプリカ。これは若鳥の煮込料理。海軍が使ったとしたら当然、輸入品。

〈鰯のポジャスキー〉ポジャルスキーが正しい。ロシア皇帝ニコライ一世（一七九六〜一八五五年）が立ち寄った宿で出た子牛料理がうまかったので命名されたとする説。開いたイワシに衣をつけて焼いたものらしい。鮭を使えばコート・ド・ソーモン・ポジャルスキー。

〈鶏卵菠薐草胡麻マヨネーズ和へ〉和風素材にマヨネーズで調味したところがこの時代では斬新。

〈甘藷の玉子焼〉さつまいもを卵焼きの材料にするという発想だけでもおもしろいというだけ。

〈甘藷の芥子酢〉ゆでたさつまいもを輪切りにし、辛子を溶いた甘酢をふりかける。簡単ではあるが、おいしくはなさそう。

〈慈姑の五目揚〉おせち料理ではクワイは煮物。ここでは空揚げにするらしい。クワイをうす切りにして揚げるクワイチップはビールのつまみに合う。「五目」が不明。

〈リヨネーズポテト〉フランス南東部リヨンからついた名。たまねぎをたっぷり使って、じゃがいもをバターで炒める。

〈釈迦豆腐〉江戸時代のベストセラー『豆腐百珍』からの引用。馬鹿煮豆腐、鞍馬豆腐、引きずり豆腐など、もっと奇品珍品が多種あるが、海軍では釈迦豆腐だけ。釈迦揚げともいう。

〈座禅豆〉黒豆の甘煮。尿がとまるので座禅前の僧が食べたところからついた名前。別項で再現（注、実際にどのていど効果があるのか筆者もしばしば実験しているが確証を得ていない）。

〈錦飯〉はっきりしないが、炒り卵とトリそぼろで弁当風に仕立てたご飯らしい。二色飯ともいう。名前は付けかたしだいでうまそうに聞こえる。

〈菠薐草飯〉ゆでて刻んだほうれん草と鰹節をしょうゆで味をつけ、薄く切った奈良漬と卵焼きとともに二段重ねの弁当風に仕上げる。

〈きな粉福神漬飯〉きな粉をかけたら、きな粉飯。福神漬が入るとは奇々怪々ではあるが、明治中期に東京下谷で考案された福神漬は日清戦争以来、兵食でも人気があったので、ありそうな話。

〈ダンプリン〉小麦粉、ケンネン油、砂糖、香料、ベーキングパウダー、牛乳。「ケンネン油の筋を取りほぐして少量の小麦粉を振りながら云々」と説明のある蒸菓子。ケンネン油は牛の腎臓を覆った網状の脂肪でケンネ脂ともいい、肉料理、菓子の材料。ダンプリングともいう。

ありふれたイワシでも「鰯のポジャルスキー」と名前がつくと、いかにも海軍料理らしく聞こえ、水兵が故郷に帰ってみやげ話のひとつにもなりそうである。

一方、どうもよくわからない料理や再現が難しいようなメニューもある。今となってはまぼろし料理ともいうようないくつかを紹介してみよう。

〈蝦網油包衣揚〉字だけでは判断しようのない料理。えびに衣をつけて揚げた中国料理らしい。中国料理で衣をつけて揚げることを乾炸《カンヂャア》という。天津料理に炸青蝦《ヂャアチンシャ》という手長エビの衣揚げがあるが、これはエビに小麦粉をまぶして油で揚げただけの、いたって簡単な料理。「網」がどうしてもわからない。

〈犢頭酢油汁〉せっかく子牛の頭を油で炒めて煮込んだものを、酢味にしてしまっておいしいのかどうかわからないが、酢豚のように肉は意外と酢との相性がよいところもある。

〈兎肉洋酒煮〉うさぎやキジ肉の洋酒煮といえばグルメ料理。野兎ならさらに珍重されるフランス料理。昔は日本でもうさぎはよく食べていた。海軍式料理をイラストで別掲。

〈鯖飯〉材料はサバ、キャベツ、こんにゃくとなっており、これをどんなにご飯と結びつけてもおいしそうではない。サバ鮨なら日本には独特の歴史と文化がある。

〈大根飯〉明治後期の苦難から始まるNHK連続テレビ小説「おしん」の大根飯といったほうがわかりやすい。ただし海軍教科書には名前だけで作り方はなく、まぼろし。切干飯というのもある。陸軍の料理書に陸軍式「大根飯」の作り方があるので別項（27章）で紹介する。

〈野菜の衛生煮〉ようするに卵を入れれば滋養が高まると信じられていたので、無理に卵を入れて衛生煮とか衛生揚げとかいったらしい。

〈キルシ酒入りオムレツ〉キルシ酒とはキルシュワッサー（キルシュとも）というサクランボのブランデー。アルコール四十度のキルシ酒を入れたオムレツは辛党向き卵料理。

「再現版・兎肉洋酒煮の作り方」

（注、『海軍厨業管理教科書』では生きたうさぎを楽に成仏させるところからはじまっている。作り方は詳細を欠くが、本章末尾の「うさぎ肉のジブロット」を簡単にした煮込み料理と推定する）

先にふれたようにうさぎ肉は現在、日本では麻布のスーパー「ナショナル」や明治屋のような外国食材を豊富に取り揃えた店以外、一般の店で購入することは難しいが、日本人はわからない形でけっこううさぎを食べている。

いちばん身近なものはプレスハム、ソーセージなど食肉加工品で、うさぎの粘りのある肉質特性がなくてはならない存在のため、昔から原料の一部に使われているからである。昭和六年に海軍が大量のうさぎ肉を調達したのは案外食肉加工品の委託生産のためだったのかもしれない。

フランスでは家うさぎはラパン（lapin）、野うさぎはリェーブル（lièvre）といい、ごくありふれた食肉として扱われている。成分的には、赤肉部分でたんぱく質二十・五パーセント（輸入牛肉ヒレ赤肉も同じ）、脂肪八・七パーセント（牛ヒレ赤肉は四・八パーセント）という割合で、牛ヒレに比べ、やや脂肪が多く、少し特有の匂いがあるが、他の獣肉とあまり変わ

海軍の教科書によるさばき方
包丁の峰で打つ
皮をむく
血抜きして
切れ目を入れる
調味して小麦粉
をまぶす
麻布のスーパー「ナショナル」の冷凍丸うさぎ
2500円（フランス産）
バター、サラダ油で炒め、
にんにく、たまねぎを入れて煮る
人参を加える
トマト、ローズマリー、
小たまねぎを入れて煮る
赤ワインを加える
味をととのえたら深皿に盛りクリームをかける

りはない。

筆者の子供時代までは家庭でもしばしば煮物として食べ、熊本の中学（昭和二十八年）では冬場になると男子生徒はうさぎ狩があり、獲物はその場でうさぎ汁として食べた。数名の教師は猟銃を携行して生徒の目前で散弾銃を発射して教師は猟師に早変わり。発砲して獲物（野鳥）がはずれると生徒は大喝采。いまどき考えられない愉快な行事ではあった。「うさぎ追いしかの山……」（大正三年、尋常小学唱歌「故郷」）という歌も背景を知らなければ、なぜうさぎを追っかけるのかわからない。

兵学校でも毎年一月下旬に近くの島で保健行軍と分隊競技を兼ねたうさぎ狩りがあり、昼食はうさぎ汁だったという。もっとも野兎などそうたくさん瀬戸の小島にいるものではなく、汁椀にうさぎ肉が一片でも入っていると宝くじを当てたようなはしゃぎかただったようである。

現代の本格的フランス料理の中から、うさぎ肉を使った料理の一例を紹介する。前掲の海軍式洋酒煮とおおむね作り方は同じになるが、フランス版は多少時間がかかるようである。

〈うさぎ肉のジブロット（Lopereau en gibelette aux pruneaux）〉

材料＝うさぎ肉、マリナード（たまねぎ、人参、セロリ、ローズマリー、にんにく、白ワイン、ワインビネガー、オリーブ油）、ソース（フォン・ド・ヴォー、干しあんず）、グリーンペッパー入りヌイユ（強力粉、卵、オリーブ油、塩、こしょう、バター）。

作り方＝マリナード（漬け汁）材料の野菜、ハーブなどを刻み、白ワイン、ビネガー、オリーブ油を混ぜ合わせ、切ったうさぎ肉を一晩漬け込んでおき、煮込む。よくこねたヌイユを延ばして紐状に切って同じ煮汁で煮る。肉汁にあんずを混ぜた甘酸っぱいソースとともに盛る。

22 ミネラルウォーターと海軍〈食卓でも話題の「平野水」〉

海軍では日常の昼食や艦上午餐会で「平野水」という水が珍重された。供応食レシピの中に「……而して飲料には日本酒、麦酒、白葡萄酒、赤葡萄酒、シャンパン、リキウ酒、シトロン、平野水等の全部あるいは一部を準備せねばならぬ……云々」というような説明に出会うことが多い。この中の「平野水」はいまでは聞かれなくなったが、ようするに日本のミネラルウォーターの元祖である。

（注、平野水の発売より前になる明治十三年に「山城炭酸水一瓶二十銭」という商品広告が当時発行の「東京絵入り新聞」というものにあるそうで、記録上はこちらが古いとする説もある）

平野水とは兵庫県平野（現在の川西市平野）に湧き出る天然炭酸水で、明治十七年（一八八四年）に三菱が採掘権利を買って「平野水」と名づけて発売、二十一年に明治屋が権利を借り受けて「三ツ矢平野水」（のちの三ツ矢サイダー）として販売した。その後、炭酸水や鉱泉は医薬的効能の宣伝もあって愛飲家が生まれたものの、日本人の感覚として「水を買って飲む」ことは望外な贅沢だった。

ミネラルウォーターとよぶようになったのは、進駐軍のアメリカ兵によるものらしい。いまでこそ日本国内では家庭でもミネラルウォーターを店頭で買ったり、名水といわれるものを取り寄せたりしているが、戦後でも長いあいだ買ってまで飲む習慣はなかった。ヨーロッパの水はカルシウム塩が多いため、ほかのおいしい水を求めるうちにミネラルウォーターが飲料水として定着したと考えられる。

その点、日本は地勢が水に恵まれており、いったいに軟水が多くておいしいからか、あるいは新年の若水や東大寺二月堂の修二《しゅに》会《え》の御水取りにみられるように、宗教的儀式と関連させて特定の水を神聖化したためか、普段の飲み水にはあまりこだわらなかったともいえる。

もっとも、水質についていえば、江戸と浪花には水売りという商売があったくらいだから、地域差があったこともたしかである。

現在は浄水器をつけている家庭が多いことは、射幸心と水に対する認識の向上にもよるが、実際に日本の水は近年、安全性が低下してきたからかもしれない。

浪花の水売り（「浪花のながめ」部分の模写）

水売りには夏向きの冷水や糖蜜を入れた水を売るタイプと、全く日常の飲み水を売るタイプがあった。江戸は玉川上水によって飲み水の心配はなくなったが、上方では明治まで水売りがあったという一九六二年、ヨットによる太平洋単独横断を達成した堀江謙一青年（当時）のマーメイド号の記録『太平洋一人ぼっち』（文藝春秋社）によると、積んだ〈清水〉はわずか六十八リットル。いくつかのビニール袋に入れておいたところ、出港十五日目にはいくつかの袋が破れ、残った水もモヤモヤしたものが発生し、結局、全部捨てて雨水で九十四日の航海に耐えたという。たしかに昭和三十七年当時は、まだミネラルウォーターは定着していなかった。おりしも平成十四年七月に堀江氏は同じコースに再挑戦し、日数も大幅に縮め、見事な成功を成し遂げたが、今回の真水搭載は前回の教訓が生かされたようだ。

昭和三十年代、バーでウイスキーといえばストレートで飲むのが普通で、そのためのウイスキーグラスはシングル、ダブルなどとテニスの試合のように分かれていた。昭和三十年末にバーやクラブで水割りがはやるようになると、なぜか水の入った小ビンの栓をお客の目の前で抜くのがしきたりのようになってきた。ミネラルウォーターという名前がよいのか、客は「普通の水でいい」といえる雰囲気でないから黙っているしかなく、水代が利益につながることもあって急速に消費が高まった。まさに水商売。主婦は自分の夫がしょっちゅう外で金を払って水を飲んでいるとは知らない時代だった。

家庭で急速にミネラルウォーターが広まるのは昭和六十三年（一九八八年）ごろからの自然環境ブームと環境汚染問題、とくに水道水への不安と大きな関係がある。便乗したのが六甲の霊水、富士山麓の鉱泉水、日本名水百選の水などという宣伝で、二年後の平成二年には輸入量も含めて消費量が十年前の四倍以上の十八万キロリットルに延び、販売業者も増えた。

輸入ミネラルウォーターも増加の一方、その後の消費量はうなぎ上りに上昇、阪神・淡路大震災をはじめとする自然災害頻発にともなう備蓄意識も加わって、十三年後の二〇〇一年には百万キロリットルをはるかに突破した。

ほとんどの日本人がいろいろな形——各種飲料水のベースなど——でミネラルウォーターを飲んでいる勘定になる。もっとも、どこまでをミネラルウォーターというのか、ナチュラルウォーターとの区分に明確なものがないという問題はある。

味の区別などできなくてもボトルに書いてあるとおりを信用して、「やはり深層水はうまい」とか、「六千年前の水はさすがに違う」とかいって飲んでいれば精神衛生的にもいいのか、二リットル入りボトルが百八十円前後といえば、ガソリンとほぼ同じ値段になる水を日常的に飲む時代になった。

しかしながら、海軍とミネラルウォーターのかかわりになると、そんな昨日今日のことではなく、時代をさかのぼるほど長い歴史がある。

船乗りにとって、水はなんといっても「貴重品」だった。大航海時代の帆船では水番をつけて、勝手に飲む者は射殺してよいという掟《おきて》さえあった。

前出の戦艦バウンティ号の叛乱の動機は後年、多くの研究があるが、映画のトレバー・ハワード、マーロンブランド主演版では、反逆行為の発端を「水」に置いて描いてあった。

海軍の艦艇では、日常、飲み水を制限されるほどの厳しさはなかったが、船乗りとして水を大切にするしつけはよく守られていた。各鎮守府や要港部では固有の水源地を開拓し、品質のよい水の確保につとめた。現在、呉、舞鶴や大湊などに残る水源地はその歴史を伝えている。

艦艇機関で使うボイラー水にはパイプ内部の〈動脈硬化〉を防ぐため、カルシウムイオンやマグネシウムイオンの少ない軟水が必要であり、水質管理も万全をはかってあったが、それはボイラー水としての水質を優先しなければならなかったからで、生水を飲むことは注意が必要だった。そのため艦船では煮沸した水を飲み水とするしつけがされていたくらいだった。

まわりくどくなったが、そのような事情があって、安全な水ということで海軍がミネラルウォーターを購入していたのか、あるいはヨーロッパの海軍にならっていたのか、いずれにしても平野水はぜいたく品には違いなかった。

したがって、士官、下士官兵とも乗組員全員が普段の飲料水として平野水を飲んでいたということではない。パーティや艦上昼食会に用いられる平野水は、食卓での話題にもなっていたようだ。

会食でのサービスマナーにも、「飲料係は日本酒を注ぎ終わったならば、麦酒、シトロン、平野水の瓶を左手に二本、右手に一本を持ち、会食者の右側に進み、最初一回だけ三者のうち何れを注ぐべきかを低い声で会食者に質した上でその希望せられる飲料をビールグラスに注ぎ……云々」と教科書にあるから、飲料の中でビン入りの水が定番となっていたことがわかる。

平野水が発売された明治十七年のあと、六甲の「ウイルキンソン炭酸水」、昭和に入ってから甲州の「富士鉱泉水」なども商品として国内で発売されているが、海軍の資料には戦争直前まで平野水以外の名前は見えないところからみると、海軍が指定銘柄をして購入していたのか、あるいは、「平野水」はミネラルウォーターの一般代名詞として使われていたのかとも考えられる。

ちなみに、大正十一年、イギリス皇太子ウインザー公（のちのエドワード八世、シンプソン夫人との結婚で一九三六年に王位を捨てたあの人）が来日し、四月十二日に宮中晩餐会が催されたが、正餐のあとの休憩後に出される夜餐の飲料の中にも、シェリー酒、赤葡萄酒、シャルトルーズ・ヴェルト等と並んで「平野水」がメニューとして残っている。プリンス・オブ・ウェールズも召し上がった（と思われる）日本産ミネラルウォーターがあったわけである。

手に入りにくいほど、うまいと感じるのが水。何かがきっかけとなって、おいしそうだと感じるのも水。オーストリア・ザルツカンマングートの水といえば、映画「サウンド・オブ・ミュージック」とダブって飲むからうまいし、氷河が溶けた水と聞けば神秘を感じるから味まで違う。南アルプスの天然水と聞けば、登ったことのない者ほど飲んでみたくなる。

しかし、水の味とは他愛ないものである。ほんとうに水のうまさを味わいたければ、のどがカラカラになっても一時間ほどじっと我慢したあと、うんと冷えた水を飲むにかぎる。どんな水でもうまい。

筆者の体験では、真夏にアメリカのモハービ砂漠を歩き回り、これから訪ねる西部の町の知人宅では当然、冷たいビールが出るものと思い込み、水一滴飲まずに酷熱の中を四時間、ところが訪ねた相手は敬虔なクリスチャン一家でアルコールは出ず、その落胆たるや言語に絶するものがあったが、氷を浮かべたカリフォルニアの水道水は死ぬほどうまかった。

ヨットやカッターで航海中は、「アカ汲み」といって、艇の底にたまった海水を汲み出すのも大事な作業で、よごれた水だからてっきり舟の垢だとばかり思っていたが、アカとはラテン語のアクア（水 aqua、スペイン語では agua）であることが遠洋航海で南米に行ってわかった。水アカとアクアではまるでちがう。いまではアクアも外来語となりつつあり、十数年前には西武百貨店池袋店に「アクア・バー」というミネラルウォーター専門バーも登場して話題になったことがある。

それにしても、昭和四十一年（一九六六年）夏、第七次南極観測で砕氷艦「ふじ」が持ち帰った南極の氷で飲むウイスキーは文句なしにうまいと感じた。その後もたびたび南極の水（氷）を味わうチャンスに恵まれたが、最初の感激ほどのものがなくなっていったのは、やはり水は「水もの」である。

23　海軍兵学校、昭和二十年元旦の献立〈江田島健児揺籃の地から〉

昭和三十四年の大映映画『あ、江田島』は、戦後、話題を残した映画の一つである。菊村到の原作によるこの映画は、筆者が長年聞いてきた海軍兵学校の伝統や生活のようすがよく描かれている。ただ、昭和十七、八年といえば戦争の様相すでに悪く、兵学校もやたらに生徒を増やし、本校内には収容しきれず、十八年十一月には岩国にも分校ができたくらいなので、映画の人物の背景や校内生活があまりにも静謐《せいひつ》にすぎるのが気になる。

昭和七年には入学定員百三十名だったものが、三年後の十年には二百四十名、十七年になると一挙に千二十八名が入学しているから、校内は生徒であふれていたはず。映画のストーリーの場面から、自選作業や随意時間というわずかな〈自由時間〉帯なら遊歩したり、洗濯したり、通行する者がもっと多くなければ、という不自然さはさておいても、実際にはその前から繰り上げ卒業（一例をあげると、昭和十二年四月入学の六十八期は十五年八月卒業）や十三年には四年制から三年制への短縮、早期入学になったから兵学校も正常な教育が困難になっていたことがうかがわれる。

そして昭和二十年正月。終戦を迎える海軍兵学校最後の元旦の献立メモが筆者の手元にある。東大阪市に住む元兵学校烹炊員だった某上等水兵の保存資料で、経理学校で教わったときのガリ版刷りの授業資料やメモとともに整理されたファイルは、いかにも海軍兵らしい几帳面さがみられる。青カーボン紙で謄写された美濃紙には、つぎのようなメニューが書かれている。

昭和二十年正月の海兵生徒といえば、七十四期（千二十八名入学）、七十五期（三千四百八十名入学）、七十六期（三千五百七十名入学）が在校生になるが、岩国、大原（江田島西地区）に分校があり、舞鶴の機関学校も前の年に兵学校として統合されたマンモスクラスで、江田島本校だけでも五千名以上いた。時局から、年末年始といっても休んでいる場合ではなかった。そのかわりというか、それでもというか、元旦は特別献立。昭和二十年の元旦は月曜日だったことがこのメモからわかる。

朝は、通常は食パンに味噌汁、白砂糖だったが、元旦なので雑煮のほか数の子、ごまめなど形ばかりではあるが、おせち料理。ふだんより少し遅い朝食で新年を祝ったことだろう。昼食もきんとんなどがついて生徒は悪化をたどる戦雲の中、それでも新年らしい食卓についたことだろう。

昭和に入って生徒がもっとも教育上の影響を受けたといわれる校長は、リベラル派として名高い井上成美中将。十七年十一月から十九年八月までの在任中、戦争の終局を知ってか、生徒教育は将来、日本再建に尽くす人材育成に置き、軍事学よりも普通学に力を入れた。陸軍士官学校が英語を排斥し、入学試験で廃止したのを聞き、「凡そ自国語しか話せぬ海軍士官など世界中どこへいっても通用せぬ。英語嫌いの秀才は陸軍に行ってもかまわん」といって英語教育にはとくに力をいれたことでもよく知られている。

井上中将のあと終戦までのわずか一年間に三人の校長が入れ替わる。昭和二十年の元旦、二ヵ月前に着任したばかりの小松輝久校長からどのような年頭の訓示があったのかわからない。

映画『あゝ江田島』に、もういちど話をもどす。

映画の中でも生徒の食事風景がある。

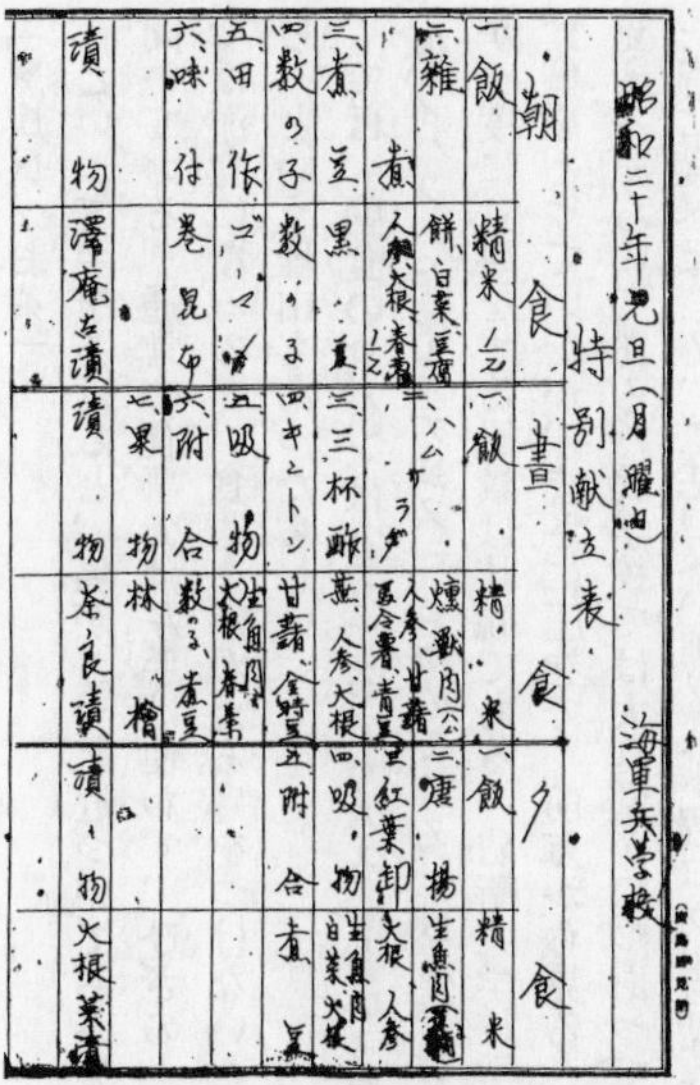

昭和二十年元旦（月曜日）　海軍兵学校

特別献立表

朝食	一、飯	精米 1/2
	二、雑煮	餅、白菜、豆腐、人参、大根、春菊 1/2
	三、煮豆	黒豆
	四、数の子	数の子
	五、田作	ゴマメ
	六、味付	巻昆布
	漬物	沢庵古漬
昼食	一、飯	精米
	二、ハムサラダ	燻獣肉（公）、人参、甘藷、玉葱、青豆
	三、三杯酢	蕪、人参、大根
	四、キントン	甘藷、金時豆
	五、吸物	生魚肉、大根、春菊
	六、附合	数の子、煮豆
	七、果物	林檎
	漬物	奈良漬
夕食	一、飯	精米
	二、唐揚	生魚肉
	三、紅葉卸	大根、人参
	四、吸物	生魚肉、白菜、大根
	五、附合	煮豆
	漬物	大根葉漬

兵学校最後のおせち料理（想像）

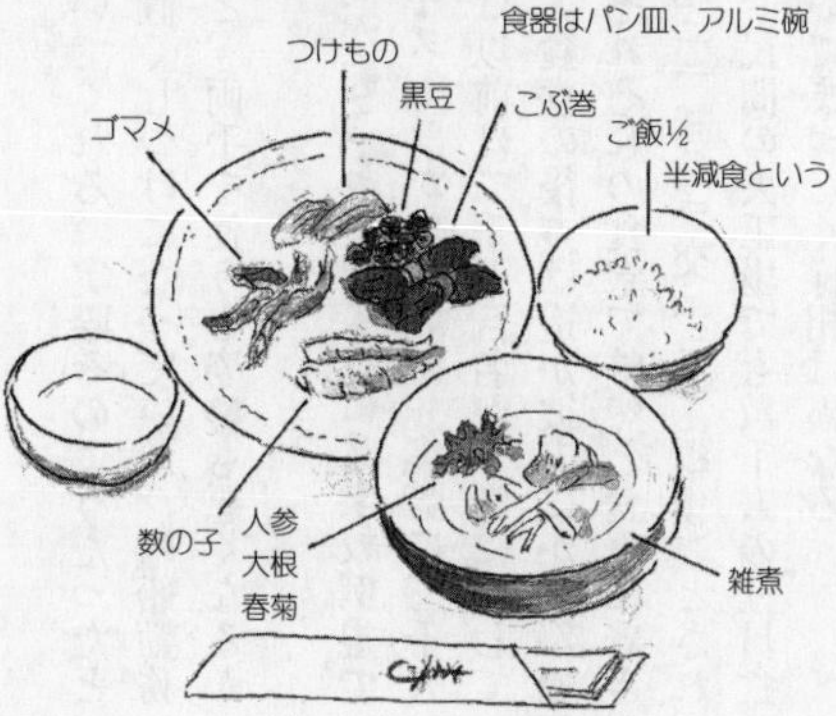
食器はパン皿、アルミ碗
つけもの
黒豆
こぶ巻
ゴマメ
ご飯½
半減食という
数の子
人参
大根
春菊
雑煮

「烹炊員、お茶」

といって手をあげると、係がさっと近づいてお茶をついでくれる。実際そのようだったと聞いている。通常の食事では左手は使わず、ひざの上に置くしつけになっていた。艦船勤務では洋食になるので、食器をかかえる癖をつけないためと、両手を使うと姿勢も悪くなるから、という理由もあったらしい。

では、朝食の食パンはどうするのだろう、という疑問が起こらないように兵学校例規で「但シパンハ左手ニテ食ス」と定めてある。映画ではエキストラが少ないが、実際に三千人が一度に食事をする風景は壮観である。防衛大学校学生は以前は二千五百名が一堂に会して食事をとっていたが、まさに圧巻で、前方から見ると、大食堂の後方は遥か彼方にかすんで見えるくらいである。兵学校では大食堂が二つあって、それぞれの食堂で整然と食卓に着き、一斉に食べはじめ、「左右又ハ前ノ人ト程ヨク上品ナ話題ニテ談話ヲ交エヨ」（綱領）とされ、喧騒にわたらない食事はむしろ儀式に近い雰囲気である。民間の大工場でも数千人の社員食堂はあるが、一定時間帯での自由な食事で、騒然としていてまったく様相は異なる。

海兵生徒の食事に関して、いかにも海軍らしい融通性のある措置があった。

日本中からの秀才、英才の集まりで、とくに体格、視力などは合格基準がきびしかったが、けっこう太った者もいたのか、とても通常の食事量では体がもたないという者には、増食といって主食二割増が認められていた。体重六十八キロ以上という基準で、増食認可者の食卓には真鍮のワクが設けてあったが、本人が実習などでいないときは、適当に仲間内でワクが移動することもあったらしい。体重六十八キロといえばいまではもっと大きい若者がたくさんいるが、当時の写真をみると平均して中肉中背、筋肉質である。そのため小柄にみえる者もある。

筆者の知る範囲の海兵出身者で一人だけ極端な長身の人がいた。百八十センチの筆者が見上げるほどで、ゆうに一メートル九十五はあった。兵学校のときのY生徒のベッドは特製だったとも聞いたが、六十七期生徒といえば入学は昭和十一年である。受験者の身長規格は「十八歳以上は百五十五糎《センチ》以上」となっているだけなので、上限はなく採ったらしい。Y氏は戦後、海上自衛隊のDE型（千四百トン）国産護衛艦艦長の経歴もあったが、ことさら狭いタイプの艦内はさぞ窮屈だったろうと想像する。

だいたいにおいて、戦前は昨今の若者に多くみられるようなぶくぶくした体型や、筋力の足りない者が少なかったのは食生活と運動量（スポーツではない）など生活習慣によるものだろう。それでも、その中から知力、体力のバランスがとれた生徒の選抜はきびしかった。

もっとも、定員数が増加するにしたがい合格基準も緩和せざるをえなくなったようで、昭和十年の二百名のころと昭和十八年の三千名では、同じ難関でもその度合いが違っていると も聞いている。

本章は終戦の年の元旦に海軍兵学校生徒が食べたおせち料理の紹介であるが、通常の昼食、夕食は当時の艦船の一般兵食とくらべるとむしろ簡素で、献立も単調だった。

麦入りご飯に魚の煮付けや塩焼き、肉じゃが（甘煮）や煮しめ、スープ類（ソップともいった）、ご飯ものでは季節の素材を使った混ぜご飯、カレーライスなどが主で、ときどき半減飯といってうどんが出ることもあった。

腹が空く年代であり、午前座学、午後実技という日課が基本となっているため、運動量も大きく、質より量を配慮してあったようである。午後の座学があるとき、昼食にカレーライスが出ると居眠りが多く、教官も困ったという話があるが、筆者が海上自衛隊の学校教官時代に教壇から観察した印象からも、金曜日（昼食はだいたいカレー）の午後の授業は授業にならなかった。カレー粉には一時的な催眠作用があるらしい。

兵学校当時の施設は戦後、連合軍接収解除の後そのまま海上自衛隊が受け継ぎ、第一、第二食堂とも術科学校、幹部候補生学校で使用されたが、現在はまったく新しく建て替わり、明治二十一年以来五十七年間、江田島健児一万数千名の旺盛な食欲を充たした趾はない。

幸いなことに、由緒ある建造物は歴代関係者の努力もあり、赤レンガで象徴される東生徒館、大講堂、教育参考館をはじめ敷地内は往時の形跡をそのままとどめ、はじめて訪れる者にも感動的な景観を呈している。

イギリス人教師として一九三二年（昭和七年）三月から三年間、兵学校で勤務したセシル・ブロックは帰国後の著書『江田島』（原題ETAJIMA THE DARTMOUTH OF JAPAN）で、当時の模様をつぎのように記している。

『兵学校の校庭は整然として美しく、中でもとりわけ美しいのは桜並木である。兵学校の校門から続くこの桜並木は、春が来ると艶やかな薄桃色に染まる。大講堂は白の御影石で

海軍兵学校（江田島）赤煉瓦の東生徒館と古鷹山

元絵はリトグラフでM. Koizumiとサインがあるが、作者不詳。兵学校生徒だったとだけ聞いているのでサインを手がかりに全生徒24,649名を生死不明のまま名簿で当たったが、69期以前にはなく、該当するのは小泉正司氏（70）、小泉正安氏（75）、小泉元久氏（76）、小泉満氏（78）、小泉元生氏（78）の５名のみ。旧姓のままであればこの中のだれかの筆になるものと推定する。有縁の絵として紹介した。
（　）内は入学期

造られた建物で、兵学校の精神生活の中心をなすものである。大講堂の歩廊には、天皇が兵学校に行幸した際に使用される玉座が設けてある。（中略）大講堂を通り過ぎると、はるばるイギリスから取り寄せた赤煉瓦で造られた生徒館がある。生徒館には自習室、寝室、食堂、浴場等がある』

この情景は七十年を経た今日もほとんど変わっていない。とくにイギリスから一個ずつ油紙に包まれて送られてきたという赤煉瓦の生徒館とその後方にそびえる標高三百九十二メートルの古鷹山主峰は「江田島」の象徴でもあり、現在敷地内のどの場所から見ても、昔撮られたたくさんの写真とまったく同じ構図の写真に出会う。

よく、どこどこの今昔と題して、戦前

戦後の同じ所を撮って、景色や風俗の相違に一種の感銘を誘われる写真があるが、こと江田島にかぎっては、「江田島の今昔」という写真をいくら並べても「なぁんだ。おんなじだ」ということになりそうである。

24 食器は被服扱い〈転勤のたびに持ち歩いた下士官兵の箸、皿、茶碗〉

「官品」という言葉は辞書にないから「官品愛護」も説明を要するが、旧軍人なら知らない者はいないはずである。

「官」とは公——つまり、お国から支給された物品が官品で、それを大切にしようというのが「官品愛護」。カンピンアイゴと読まされていた。由来はわからないが、戦後そのまま自衛隊に引き継がれ、物品愛護精神を向上させるキャッチコピーとなっているところからみると、おそらく軍隊の造語だったようである。

脱線になるが、造語といえば、海軍ではずいぶん勝手な用語や当て字をつくっている。ところが、これがけっこう合理的で味わいのあるものが多い。

たとえば艫《とも》。海軍では舟ヘンに尾を書いてトモと読ませたのは船尾を表わすのにぴったりである。大作家の阿川弘之氏でさえ正字と思って長年使っていたという（『海軍こぼれ話』光文社）。

現在、「広辞苑」（岩波書店）には艫しかないが、「大辞林」（三省堂）には舟に尾のトモもあるから認知されてきたのかもしれない。舟ヘンに内と書けば内火艇など、現在の海上自衛

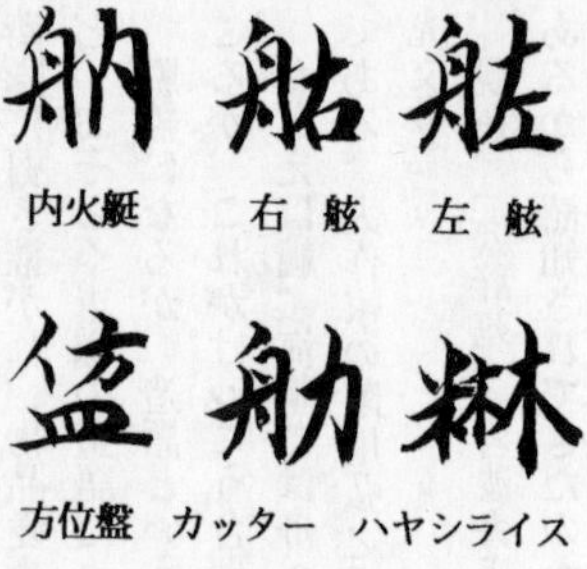

海軍漢字（？）のいろいろ

隊員の中には本当の漢字だと思って、昇任試験やレポートに使う者さえある。米ヘンに林と書いてハヤシライスとも読ませていた。

「親方日の丸」はれっきとした熟語で、こちらは辞書にもあるとおり、〝公務員は国家がついているからいいかげんなことをしても倒産することはない〟という意味であるが、拡大解釈されて「官品愛護」と対比的に使われることもある。

海軍の下士官兵が自分の食器を転勤のとき一緒に持って歩くようになったのは、どうもこの「官品愛護」から発したもののようである。

昔——といっても六、七十年前のこと——中国では朝食を食べることができたときは、「めし食ったか。おれは食ったぞ」といわんばかりに茶碗と箸を手に持って近所を見せびらかして歩いたという。日中戦争前後、大陸勤務をしていた陸軍軍人からそういう当時の中国の、とくに租界の貧しいようすを聞いたことがある。

わが海軍の食器持ち歩きはそれとは違うが、海軍兵が自前の食器を持っていたという話は本当である。しかも、被服として扱われていたというのだからおもしろい。

明治三年兵部省通達「海軍概則之事」大一項に、『一、食器代一ヶ年ニ春秋弐度代価ヲ以相渡ス尤航海中並風波等ノ為メ破損アル時ハ格別之事』とある。

「食器代として年二回代金を支給する。航海中や波浪で壊れたときは別に考慮する」というもので、食器購入代金を渡して下士官兵本人に買わせていた。そんなことならはじめから現物を支給してやればよさそうなものであるが、そうしなかったところは官品愛護のしつけを徹底しようとしたものらしい。

なぜ、食器をこのような扱い方にしたのか理由ははっきりしないが、おそらく粗末に使ったり、勝手に持って行く者がいて管理が困難だったからと推定する。

国の物品には定数がある。数が足りない（員数不足という）ことは税金でまかなわれる物品を管理する立場からはきわめて不適切、物品管理法を持ち出すまでもなく箸一本といえどもおろそかにしてはいけない——こういうことだったのかどうかしらないが、減るものや壊れるもの（消耗品という）まではとても面倒みきれないから代金を支給し、買わせた以上は持って歩かせよう、となったのかもしれない。

実際にこの規則がどのように扱われていたかを考える前に、もう少し〈官品〉について実態を述べてみたい。

陸軍の飯盒《はんごう》怪談という伝説を子供のころ聞かされたことがある。雨中の演習で飯盒の蓋をなくした陸軍の初年兵が懲罰を恐れて自殺し、雨の夜になると「はんごー」という悲しい声が兵舎に聞こえるという話。実際〈官品〉管理は厳しく、洗濯物は乾くまで営内班ごとに当番をつけていた部隊も多い。

その点、海軍は融通性があったというのがよく聞かれる話で、陸軍では亡失したらそれこその切腹ものの銃口蓋《じゅうこうがい》（小銃を使わないときにゴミよけと照星保護のため銃口を覆う真鍮製の蓋）が、海軍経理学校では出入りする靴屋が広げる風呂敷の上に靴墨などと一緒に無造作に並べてあったという。

海軍でも物を大切にすることは厳しくしつけられたが、人の命はそれ以上に大切、不注意もある、わずかな金で解決できるのならという考え方がよいという人もある。

まわりくどい話になったが、そんな海軍がなぜ茶碗や箸を、という話にもどる。

はじめ、下士官兵には現金を支給して食器を買わせていたが、明治五年、七年に改正があって「食器代も食費の中に含む」となったりするが、明治三十七年に海軍給与令が制定され、「下士卒ニハ被服物品トシテ食器一（組）ヲ交付ス」ということになった。その前の二十三年に下士官兵には衣嚢《いのう》といって、帆布でつくったごわごわした被服収納袋も制定され、転勤のときは被服いっさいを衣嚢に詰めて新任地へ移動したから、食器もこの中に収まって旅をしたことになる（陸軍では食器袋というものを使っていた）。

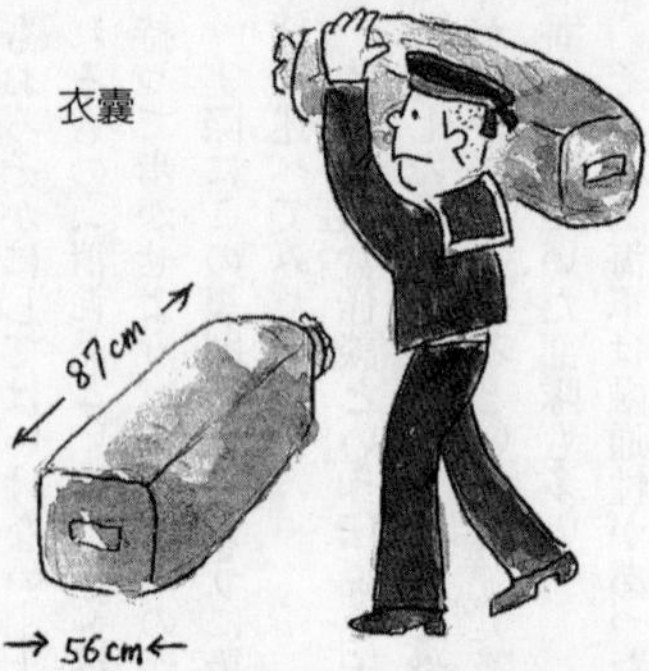

衣嚢

衣嚢はよく考えられた袋で、転勤のとき身に着ける制帽、制服、靴、下着を除けば、あとの貸与、支給された被服が全部収納できる仕組みになっていて、しかも担いで歩けるくらいの風袋《ふうたい》だった。ちなみに海上自衛隊では、いまもまったく同じ仕様のものを使っている。

代金をもらって自分で買っていたときは金属だったか陶器だったかわからないが、大正十二年には鉄製琺瑯引《ほうろうびき》の碗三点セットにうるし塗りの竹箸、昭和六年にはこれに湯呑みが加わった。

そんなにいくつも分かれた食器なので、普段はだれのものとの区別はむずかしかったに違いない。転勤のときになって「これがお前の食器だ」と区別もできにくいから、とりあえずワンセット持たせたということもあったのではないだろうか。

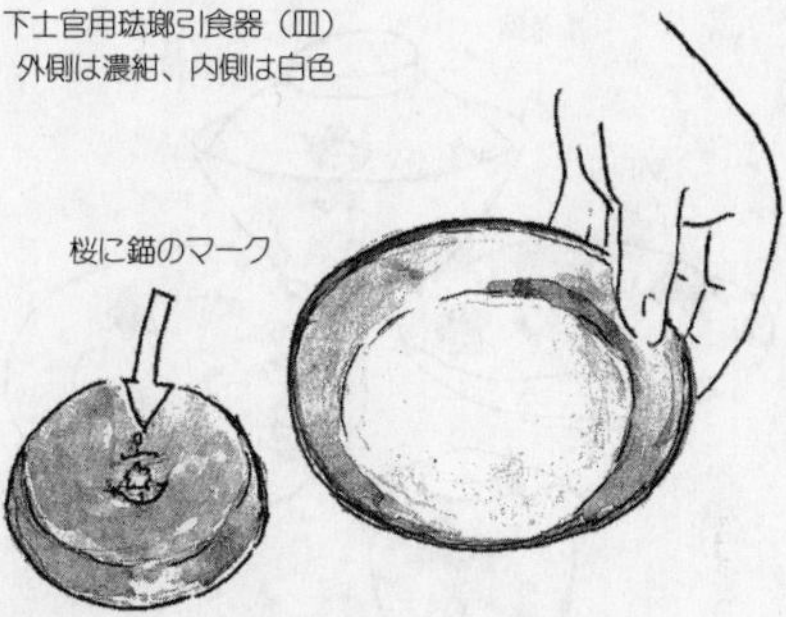
下士官用琺瑯引食器（皿）
外側は濃紺、内側は白色
桜に錨のマーク

昭和七年になると、さすが食器を被服として扱うのはおかしいとなったのか、艦営需品（ようするに国の物品）に編入された。これで終わったわけではなく、まだ続きがある。

太平洋戦争になると鉄資源節約のため陶磁器、アルミのほか、木、竹、ベークライト（フェノール樹脂）、紙などが食器に使われるようになるが、資材が乏しくなるとこっそり持ち出す者が増えてきた。

主計兵だった高橋孟氏の『海軍めしたき物語』（新潮社）にも、艦内で食器は盗みっこの標的で、そのため軍港のある街の古道具屋で見かけたら買ってきてスペアをつくっていた、とある。そういう状況だったから、昭和十九年にはふたたび

士官用食器の例

被服交付表に空欄をつくって管理し、なくした場合の弁償規定も追加された。

こういう規則の改定は、そのつど軍需機密第○○○号という根拠となる規定が出されている。茶碗や箸が機密とはと笑ってしまいそうであるが、このころはなんでも機密だったからしかたがない。終戦四ヵ月前にもうひとつ緩和規定ができたが、戦局はもはや箸がどうの、茶碗がどうしたと言っているどころではなかったと思うので省略する。

フルコースの洋食を食べていたという准士官以上は、さすが洋食器をトランクに詰めて異動ということはない。ただし、箸だけは私物を持ち歩いた。

士官の食器は普段使うものと接待で使うものに分かれるが、すべて艦営需品として艦の定数に基づき軍需部を通じて貸与されていた。

海軍で使われていたナイフ、フォークやグラスは現在、国内でめったに見ることはできないが、和洋の磁器はいまも有田焼の深川製磁㈱に大切に保存されている。

深川製磁は佐世保に近いこともあり、大正時代から海軍との縁が深く、親会社であった香蘭社とともに「海軍御用達《ごようたし》」の形で品質の高い食器類を納入していた。深川製磁の資料室には当時の食器類が保存展示されており、日本海軍のシンボルマーク、桜と錨が入った皿もある（すべての食器に桜と錨を入れたというものでもなく、和食用は絵柄で桜花の散らし模様が入っている）。

茶碗や皿は割れることもある。破損したものを軍需部に持っていけば新品と交換してくれるが、高価なものはその証拠となる桜と錨がついている部分を見せなければならなかった。器用な主計兵はマークをうまくつなぎ合わせて三枚の皿から四枚分の物的証拠をつくりだし、少しずつスペアを貯めていたという話もある。

洋食器は日常品だけでもスープ皿（ソップ皿といった）からフィンガーボウル（洗指碗といった）までかなりの品目になるが、種類が多いというだけなので省略する。戦争が激しくなると資材入手難と生産能力の低下から供給停止になる物も出てきた。

和食用食器だけ見ても時代を映し出しているので、艦の備品となっていた食器の種類だけ取り上げてみる。

〈士官用和食器の種類〉膳（いつも使っていたわけではない）、飯碗、汁椀（木製うるし塗りと思われるが「碗」と書いたものもある）、吸物椀（汁椀に材質同じ）、湯呑、中皿、小皿、小鉢、茶たく、燗瓶（日本酒をよく飲んでいた）、燗瓶袴、盃、盃台、土瓶（急須）、盆、飯櫃（大中小に区分）、醤油注し。

戦後、海上自衛隊創設のとき、海軍時代には慣習となっていた艦内飲酒をどうするか、慎重な検討が重ねられたという。結局、米海軍にならって禁止となったが（特例はある）、のちに米海軍から「我が方のいちばんつまらない規則を模範にした」と揶揄されたと聞いている。しかし、いまから考えると、これはこれでよかったのではないか。もちろん、いまの艦船需品に爛びんはない（筆者私見）。

25　海軍料理書から作る朝食メニュー

第1日＝米麦飯、里芋味噌汁、茄子辛子漬。

第2日＝米麦飯、キャベツ味噌汁、茄子塩漬、海苔佃煮。

第3日＝米麦飯、玉葱味噌汁、茄子味噌漬、鰹塩辛。

第4日＝米麦飯、里芋味噌汁、梅干、鰛若柳煮（注、鰛若柳煮はイワシを甘辛く煮た佃煮の一種）。

第5日＝米麦飯、南瓜味噌汁、葉唐辛子佃煮。

第6日＝米麦飯、若布味噌汁、福神漬。

第7日＝米麦飯、切干大根味噌汁、昆布佃煮。


昭和十二年七月の練習艦隊が遠洋航海のためインド洋を航海中の献立から一週間分の朝食を取り出したものである。昭和十二年七月といえば、七日に北京南郊の盧溝橋《ろこうきょう》付近で起きた日中両軍の小衝突（盧溝橋事件）が発端となって日中戦争が勃発したときであり、そのあおりで練習艦隊も予定していた外地補給を見合わせたものだろうか。材料に生野菜がほとんどなく、切干大根の味噌汁もあるところからみると、おそらく日本本土で搭載したときのままで、途中の沖縄、台湾や東南アジアの委任統治地でも補給はしなかったものと推定される（それでもこの年の遠洋航海は予定どおりナポリまで訪れている）。

里芋は皮をむいて茹でたあと冷凍しておけば保存が利く。キャベツは冷蔵、たまねぎは風通しのよい場所、かぼちゃは夏に採ったものでも冬至に食べるくらいだから常温でもかなり長期保存できる。とはいえ、そういう食材ばかりを使ったこの献立は海軍としても変則的な部類であろう。もっとも、太平洋戦争がはげしくなると味噌汁の実に切干大根はよく使われたから、変則的とはいえ、この献立はれっきとした海軍式朝食の例にはなる。

ちょうど一週間分あるので真似て同じものを家庭でつくってみるのもおもしろいが、おそらく家族には歓迎されないと思われる。海軍らしい献立については別途紹介するとして、しばし海軍の朝食について述べることとする。

「海軍の飯はうまい」といわれていたとはいえ、艦艇での朝食づくりは主計科の下級兵にまかされていたから個人差があり、かならずしもいつもうまかったわけではないようだ。

海軍では通常、食事にかける経費は、昼食を3とすれば、夜が2、朝は1以下で、食事づくりに費やす労度も自然に同じような比率になった。朝食の1以下というのは夜食もあるからで、そのため通常は四回烹炊所（調理室）を使うことになる。一般家庭でも朝食づくりにはあまりエネルギーをかけないのと同様、献立もおおむねきまっているので、飯を炊き、味噌汁をつくり、漬物や佃煮を出せばこと足りるため、新兵数人の当番制になっていた。

とはいっても、戦艦「大和」などは乗組員が二千五百名以上もいれば、米麦合わせて一度に六百キロ、二十五キロ入り麻袋二十四袋分にもなり、一度に三百六十名分の六斗炊きライスボイラーを七つも使うことになる。生卵一個ずつ出しても二千五百個。五、六人の当番で仕事をさばくにしても相当な労働だったに違いない。

乗組員数二百四十名ていどの「陽炎型」一等駆逐艦では朝飯当番は一人だった。夏期日課では「総員起こし」が六時なので、その二時間前に烹炊当番は起こされて烹炊所へ行く。寝ぼけ眼で、とりあえず炊飯釜〈ライスボイラー〉に水を張り、蒸気バルブを開く。

蒸気は機関科が元バルブを閉めているので「お願い」しないと開いてくれない。ここが主計兵の泣きどころで、機関科には仁義をつくしておかないと思わぬ意地悪をされたと聞く。この場合の仁義とはだいたい砂糖や缶詰の差し入れであるが、米や肉をそれとなく所望されることもあったらしい。こういう機関科に対する「仁義」は新兵や当番兵が勝手にするのではなく、主計科の先任下士官の指示でさりげなく振舞うことになっていた。

機関科兵は夜航海のときは四時間交代で当直につくが、機器を監視するだけの空き時間があるからか、飯を炊いたり、磨いたスコップを鉄板がわ

戦艦では１人卵１個ずつでも2500個

りにしてステーキをつくったりすることもあった。これは石炭缶時代の名残りで、直火を目の前にしながら、腹は減るからなにか焼いて食うものがないかといった自然の発想から〈機関科料理〉ができあがったものだろう。機関兵はだいたい器用な者が多く、なによりも火（熱）と水を持っているから主計科は頭が上がらない。こまごました調味料も揃えてあるのも主計科からの貢ぎものだったのだろう。

伝統とは不思議なもので、機関科のこの風習は戦後の海上自衛隊にも継承されたのか、筆者が初任幹部実習の遠洋航海のとき、機関科当直につくとボイラー係員がやかんで実にうまい飯を炊いて食べさせてくれたことがあった。やかんは湯を沸かすだけの道具とばかり思っていたが、そういえば、ジェームス・ワットはやかんの湯気を見て蒸気機関を発明したというから、日常道具でも発想を変えて観察する必要がある。やかんを炊飯器としても使うことを考えついた機関科員の研究心、水加減の確かさに感心したことがある。もっとも、飯がすんだあとのやかんを洗うのはかなり手間がかかるようではある。

つまみ食いのための食糧をかすめとったり、隠し持つことを海軍用語で「銀蠅」といった。一般に〈ギンバイ〉という。どこからともなく飛んでくるたかり方が似ていたからだろう。

朝食の主計科当番兵の仕事にもどる。

約十分で水は沸騰するので、その間に前夜に水を入れた別の釜に放り込んでおいた煮干を網じゃくしですくいあげる。水に一晩浸けておくだけでだしは出つくしている。米は前夜の夜食づくりのときに数名で洗ってざるにあげてあり、味噌汁に入れる野菜も切込みをすませである。

朝食づくりは簡単に見えるが、実際は飯の出来、不出来は当番兵（明直といった）の仕事としてきびしい評価の対象になるので全神経を集中した。

米は湯炊きで、水が沸騰したら米を入れ、大きな木しゃもじで手早く撹拌し、水加減をする。慣れてくるとほとんど水を加減することはなく、部隊によってはT字型の目盛りを刻んだ棒もあった。水位は釜の大きさや米の量で変わるというものではなく、海上自衛隊での筆者の補給長時代の実験データによると、大体米の上辺から五・五センチくらい、目分量でいうと、手のひらを垂直に立てて、ちょうど手のくるぶしに水が来るくらいの水量がいちばん出来上がりがよいようだった。

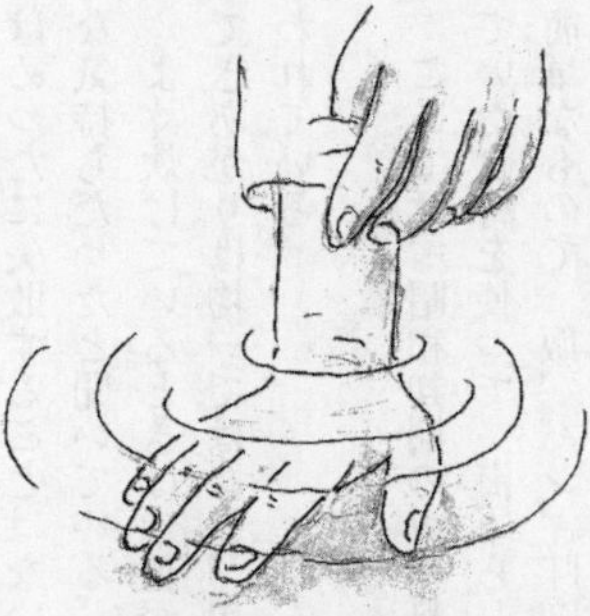

蒸気釜の水量の目安

再沸騰する前に釜の中央付近に凹みをつけて熱が均等にまわるようにする。二、三分したら沸騰してくるので、ここでもう一度撹拌し、水の量を最終的に調整して蓋をしたら数分で蒸気バルブを閉じてそのまま蒸らす、というのが一連の作業で、そのあと味噌汁づくりにかかり、合間をみて漬物などを出す準備をする。

総員起床のころになると飯も炊けているので、数名の主計科員が手伝って配食缶に分隊ごとに注ぎ分けるという手順になっていた。ライスボイラーは手順さえ間違わなければばめったに失敗することはないが、数百人分を一度に炊くので、蓋を開けるときは祈るような気持ちだったと聞いている。

よく炊けているときは米粒が立っているという。直径一メートルもある大きい釜なので、できあがりは均一ではなく、現在でも外縁から十センチ内外の部分がいちばんうまいともいわれている。


ここでは、昭和初期の海軍料理書のメニューをもとに、当時、海軍が糧食品として購入していた食材を使って〈海軍らしい〉朝食に組み合わせてみた。艦艇での実際の朝食はかなり簡単なもので、飯、パン、味噌汁のほかは缶詰、佃煮、漬物ていどだったようであるが、若干別のものを追加した。一部、当時使用されていた当て字や用語はそのまま用いてある。

〈海軍風朝食 その1（潜水艦用）〉

浸しパンのバタ焼き＝現在のフレンチトーストと同じと考えてよい。牛乳、バターを使う。

鶏卵サラド＝レタス、たまねぎのサラダに二つ割のゆで卵を添えた、ありふれたもの。

ミルクティー＝牛乳は別に温めておき、飲む直前に紅茶を混ぜる。

〈海軍風朝食 その2（艦艇下士官用）〉

納豆味噌汁＝味噌汁の実として納豆を加えただけであるが、冷めていてもよい。

鉄火味噌＝味噌をごま油で炒め、砂糖で調味したあと炒った大豆をまぜる。

〈海軍風朝食 その3（艦艇士官用）〉

麦入りご飯＝適量の麦を混ぜて炊き込む。

呉汁＝前夜作った豆乳を味噌汁に入れるだけ。ただし、だしはよいものを使う。

卯の花煮＝おから、こんにゃく、油揚を使うが、時間がかかるので前夜に準備する。

コンドビーフ胡麻和え＝コンビーフをざっとほぐし、ごまだれ（現在は市販品あり）をまぶすだけ。

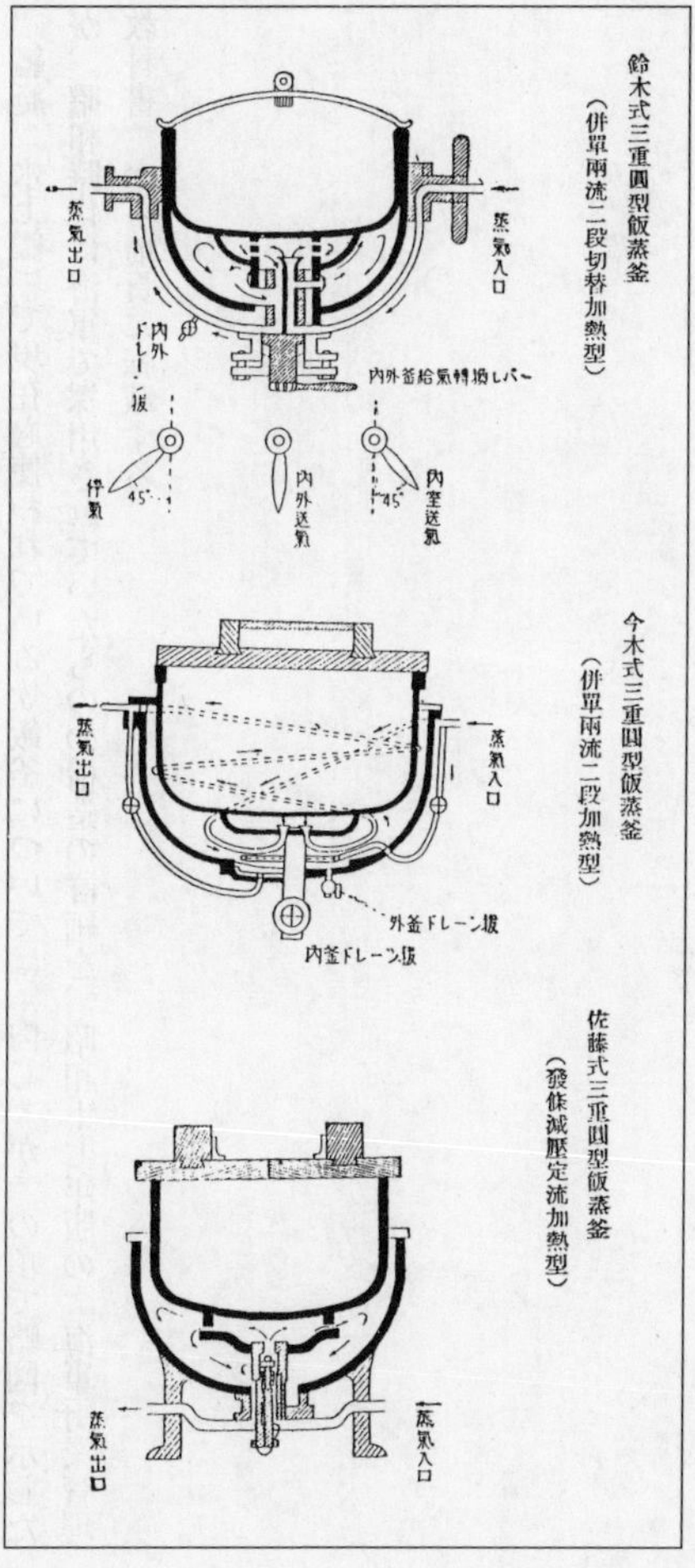

鈴木式三重圓型飯蒸釜（併罩兩流二段切替加熱型）

今木式三重圓型飯蒸釜（併罩兩流二段加熱型）

佐藤式三重圓型飯蒸釜（發條減壓定流加熱型）

艦艇（水上艦）で現在も使われている炊飯釜については「肉じゃが」の項で略図を示したが、昭和時代に海軍で採用されていたものの構造の詳細を、昭和十七年版の『海軍厨業管理教科書』から前頁に転載する。

26　海軍料理書から昼食メニューを再現

「昔の軍艦では軍楽隊の演奏を聞きながらフルコースの洋食を食べていた」と語り伝えられる話の実態については、「テーブルマナーと紳士教育」（6章）で述べたが、もうすこし注釈を交えながら昼食メニューの本題に入ることとする。

旧海軍の艦艇はひとくちに「軍艦」と称される場合が多いが、正規の類別では、軍艦とは戦艦、航空母艦、巡洋艦、潜水艦母艦、敷設艦など、艦首に菊の御紋を戴いた艦を指すので、話の内容によっては使い分ける必要がある。

明治二十九年の海軍艦船条例で、海軍艦船は軍艦、駆逐艦、水雷艇、潜水艇、運送船、病院船、工作船、雑役船舟に分けられたため、昭和になっても基本的にこの類別が生きていたものと思われる。

就役の時期や軍備の状況により、水上機母艦、練習戦艦、練習巡洋艦なども軍艦の部類に入ったが、この分類からいえば、駆逐艦、潜水艦、特務艦、水雷艇、駆潜艇、掃海艇などは「軍艦」ではない艦艇（強いていえば「いくさ船」）ということになる。

（注、砲艦も「軍艦」だった時期がある。「舞子」などわずか百三十トン、長さ三十七メートル。

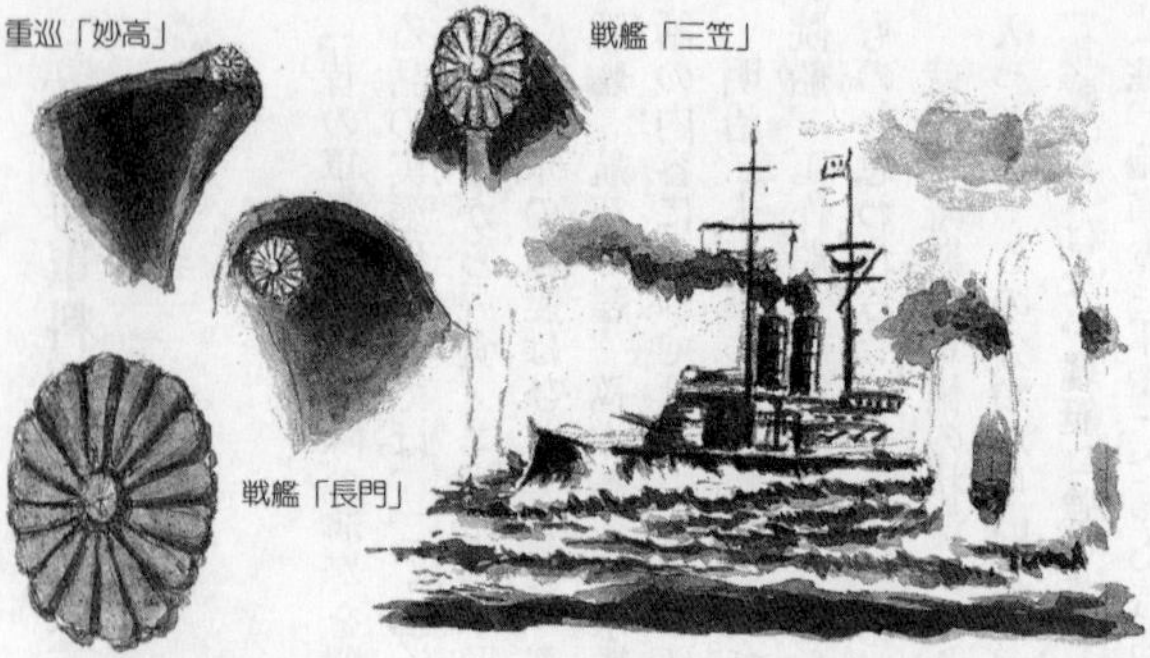

チーク材で作られた戦艦「陸奥」の御紋章。縦91cm、横89cm（江田島教育参考館蔵）

軍艦の御紋章は艦首の形状に合わせて装着された

一応、武装はしているものの、見かけは遊覧船のようなもので下駄ブネともよばれたが、菊の紋章をつけていた。「砲艦外交」の名が示すように寄留地保護のため揚子江流域などでのプレゼンスに意味があったから、小なりとはいえ、砲艦の艦長になることは名誉であった。ロバート・ワイズ監督の米映画『砲艦サンパブロ』に一九二〇年代後期の当時の模様がよく描かれている）

しかし、軍艦旗は他の艦艇でも掲揚するし、『軍艦マーチ』は「軍艦」だけのものではないので、このへんのことは説明すればするほどややこしくなってくる。

ようするに、前記の昼食に関連して「昔の軍艦では……」の軍艦とは、戦艦「長門」のような、司令部機能を持っていて、しかも軍楽隊が乗り組んでいたごく一部のフネのことであり、いくら海軍といえども、あちこちでそんな悠長なことをやっていたわけではない。

軍楽隊もつねに司令長官や司令官にくっついて乗り歩いているわけではなく、駆逐艦などに楽器を抱えて乗ってこられても邪魔になるばかりなので、大きな軍艦に臨時勤務の形で乗ることが多かった。それも開戦までの、まだいくらかゆとりのあったころの話である。

（注、明治期は軍楽隊も正規乗組員として軍艦勤務があった記録がある。元海軍軍楽隊長河合太郎氏の手記〈『東郷』No.270特集号、一九九〇年五月〉によると、三等軍楽手の同氏は戦艦三笠の軍楽隊員として日本海海戦に参加、戦闘配置は伝令だった。二十五名〈うち七名は兼務〉の軍楽手の戦闘配置は、伝令、信号助手、負傷者運搬係、無線電信助手などで、耳と音感のよい軍楽手ならではの配置があったようである）

蛇足ではあるが、海軍軍楽隊の瀬戸口藤吉が『軍艦の歌』（いわゆる軍艦マーチのもととなる曲）を作曲したのは明治三十年。さらに吹奏楽曲として『行進曲 軍艦』に編曲したのが三年後の三十三年という。

曲はその後さらに修正が加えられていったようで、略伝によると、日露開戦の前年に海兵団付楽長として戦艦「三笠」をはじめ、「八雲」「敷島」「出雲」など第一線の軍艦への臨時勤務もあったという。

名曲が生まれる背景にはこのような実体験があったからで、これが足の遅い輸送艦や波浪に揉まれながらやたらに駆け回る駆逐艦では、作曲のしようもなかったろうと思われる。

さらに主題から離れるが、筆者が鹿屋航空基地勤務のとき、現地の六十六、七歳の男性から瀬戸口藤吉にまつわるエピソードを聞いたことがある。

大正七年といえば、瀬戸口軍楽特務少尉が定年退官した年に当たるが、帰郷に際して出身地である鹿児島県垂水村（現在の垂水市）では、村民はもとより、近在の小学校でも挙げて歓迎し、垂水港に出迎えたという。階級が少尉でしかなかったことは当時の軍楽の位置づけを考えれば仕方ないのだろうが、船から下りた瀬戸口少尉は感きわまったらしく、大きな身ぶりでむせびながら沿道を埋めた人々に応えたという。小学校低学年だった当の現地の男性はなにもわからないままかり出されたらしいが、近くにいた大人が瀬戸口楽長の大涙を見て、「音楽家はやっぱなっかた（やはり泣き方）からしてちがう」と感心していたという。

駆逐艦のように馬車馬のような小型戦闘艦では、とてもフルコースを悠長に食べている状況ではなく、航海中はいつもかっ込み飯を食っているようなものだった。士官は食事代を自分で出費していたから、駆逐艦の食事代は安かった。

前置きが長くなったが、海軍の昼食を語るにはこのような背景も説明しておかなければ、ただ「昼食はフルコースのはずでは」ということになり、メニューが限定してしまいそうである。また、士官用の料理ばかりでは食生活の実態が偏るので、本稿では下士官兵用と士官用とに分けて献立を紹介し、兵食といえども海軍の食事は優れていたこともあわせて説明したい。

海軍教科書にも、「兵食及士官食トアルモ此限定ハ厳密ナル意味ニアラズシテ研究ノ如何ニ依リテハ勿論各相互適用シ得ルモノアリ」とあり、兵用、士官用などと固いことをいわず、どちらに使ってもいいのだと、いかにも海軍らしい配慮を忘れていない。

兵用昼食の例（材料数量は省略する）

〈摺身鰯の味噌焼定食〉

摺身鰯の味噌焼＝イワシ、たまねぎ、しょうが、油、砂糖、塩、こしょう、味噌。

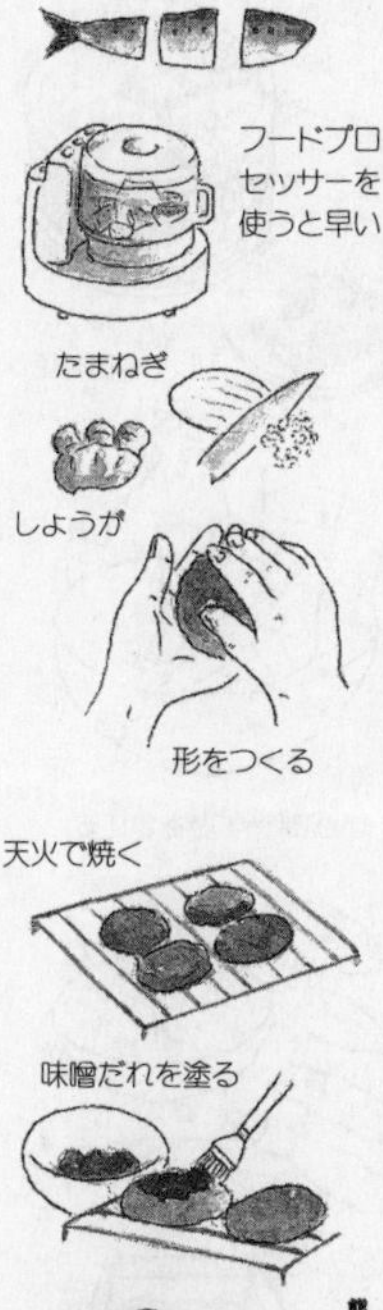
フードプロセッサーを使うと早い
たまねぎ
しょうが
形をつくる
天火で焼く
味噌だれを塗る

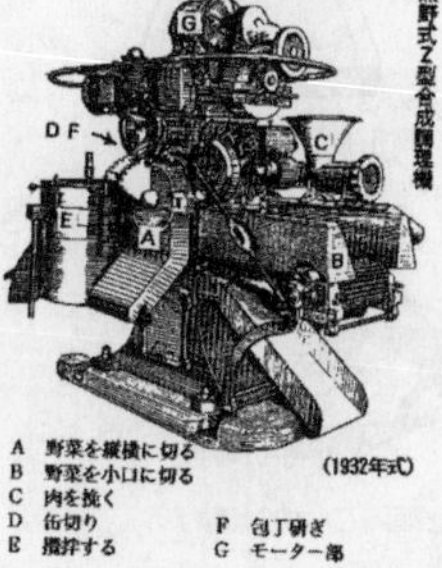
G
DF
C
E
A
B
A　野菜を縦横に切る
B　野菜を小口に切る
C　肉を挽く
D　缶切り
E　攪拌する
F　包丁研ぎ
G　モーター部
熊野式Z型合成調理機
(1932年式)

イワシは頭、内蔵を取ったら骨ごとに肉挽器にかけ、みじん切りにしたたまねぎ、しょうがを混ぜ、塩、こしょうで調味し、あたかもハンバーグのごとき形状にととのえておく。油を充分使って天火で焼き、仕上げに甘辛く調味した味噌を塗りつけて温める。

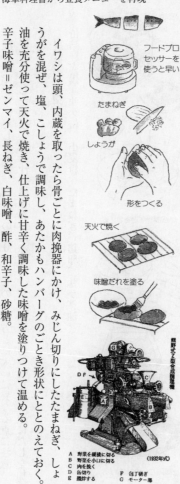

辛子味噌＝ゼンマイ、長ねぎ、白味噌、酢、和辛子、砂糖。

干しゼンマイはよく洗い、微温湯に約一時間浸したのち、十五分間ゆでる。長ねぎは根元から先にゆで、一寸程度に切る。砂糖、酢でよく練りこんだ白味噌に水溶きした辛子を加え、野菜を混ぜる。

赤だし＝削り節、豆腐、油揚、赤味噌。

削り節で丁寧にだしをとる。朝食用のイリコだしのとり方とは大いに異なる点に注意。短冊切りにした油揚、だし汁で溶きおいた赤味噌、さいの目に切った豆腐の順にだしを加える。

〈缶詰鮭の衣揚定食〉

缶詰鮭衣揚＝サケ缶、小麦粉、たまねぎ、鶏卵、サラダ油。

LMON
フレーク缶を使ってもよい
炒めたたまねぎをまぜる
衣をつける
形はいろいろ
形をくずさないように注意
表面をこんがりと揚げる

サケ缶は開けたらよくほぐし、炒めた刻みたまねぎとつなぎの小麦粉を混ぜてよくこね、厚めの小判状に形をととのえる。ほぐした卵をくぐらせ、小麦粉をまぶして油で揚げる。塩味はサケ缶についているが、好みでこしょうで調味するもよい。

鶏肉サラド＝鶏肉、キャベツ、マヨネーズソース、塩。

鶏肉は塩ゆでし、繊《せん》に切る。刻みキャベツとともにマヨネーズソースを和える。

南瓜白胡麻和え＝かぼちゃ、白胡麻、砂糖、醤油。

かぼちゃは扇型に薄く切る。炒った白胡麻をよく摺り、胡麻醤油をつくり、塩ゆでにしたかぼちゃが崩れないようにまぶす。

豌豆の濃羹＝青えんどう、鶏がら、塩、こしょう。

煮込み料理用の鍋（バシーヌ・ア・ラグー）がよい
青えんどうはグリーンピースのこと
トリガラスープのポイント
熱湯をかける
黒こしょう
ローリエ(月桂樹の葉)
なんのことはない豆スープであるが……

鶏がらでスープをとり、コンソメスープにする。青えんどうは食前に入れたほうが美しい。

（注、濃羹といえばポタージュスープのようであるが、この場合は今日でいうコンソメに当たるので海軍レシピの間違いではない）

士官用昼食の例

〈牛肉のジェリー寄せ　アラカルト〉

牛肉のジェリー寄せ=牛ヒレ肉、人参、たまねぎ、塩、こしょう、スープストック、ゼリー粉末、棒寒天。

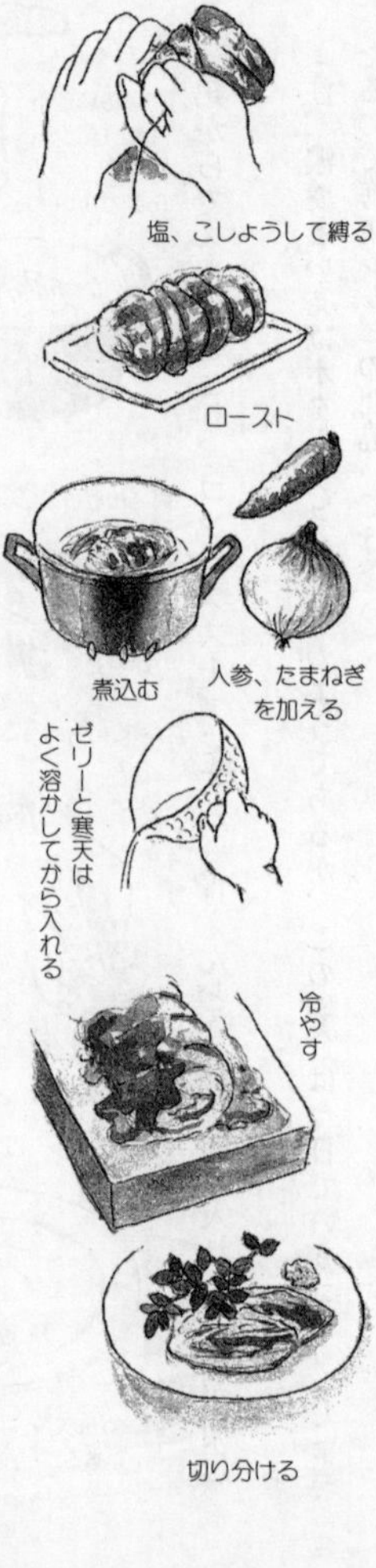
塩、こしょうして縛る
ロースト
煮込む
人参、たまねぎを加える
ゼリーと寒天はよく溶かしてから入れる
冷やす
切り分ける

牛肉は前夜から塊のまま塩こしょうを摺り込み、凧糸でしっかり縛っておく。牛肉は天火でローストする。肉汁とスープストックを使い、人参、たまねぎを入れて煮込み、湯で溶いたゼリーと寒天を加えて加熱、塩で調味した煮汁を作る。肉を厚めのバットに切り分け、煮汁をたっぷりかけて一時間冷蔵庫で冷やす。

生椎茸のバタ煮=生椎茸、人参、バター、こしょう。

生椎茸は傘のみを用いる。人参は舟形に切り、さっとゆでる。両者をバターで炒める。

独活のサラダ=うど、二杯酢（酢、しょうゆ、一対一）

皮を剝いたうどを短冊に切り、酢水に晒しておく。食前に二杯酢をかける。

アスペルブイヨン＝スープストック、缶詰アスパラガス。

スープを塩、こしょうで調味し、二分したアスパラガスを最後に加える。砕けやすいので注意。

兵、士官混用昼食の例

〈冷シ天丼　和食組み合わせ（熱地向き料理）〉

天丼＝アジ、小麦粉、塩、サラダ油、砂糖、醤油、食用紅、人参、ヒジキ、青菜（ほうれんそう）。

海軍出身の料理家土井勝氏の手法による三枚おろし

ヒジキは電子レンジを使うとすぐもどる

ほうれん草、人参、ヒジキを炊き込む

南蛮づけの要領

冷たいほうがよいという、いかにも南方向き

人参は細かい繊に切り、ごく微量の塩を振ったあとゆでておく。ヒジキはよく水洗いし、同じくゆでる。青菜はさっと熱湯を通したあと刻む。いくぶん堅めに炊いた飯に食紅を少し加えた酢砂糖塩の液汁をかけて酢飯を造り、用意した人参、ヒジキ、青菜を加える。

つぎに、小麦粉に水を加えて衣をつくり、三枚おろしにしてうす塩をしたアジをその中に充分浸し、油の中に入れて揚げ、これを熱いうちに酸味の強くない酢醤油に浸して（二、三分）、飯を盛った丼の上に乗せて供する。飯もてんぷらも冷ましておく。

里芋の辛子醤油掛け＝里芋、辛子粉、胡麻、醤油。

里芋は皮を剥き、大きいものは適宜の大きさに切り、ゆでる。ごまは炒って少しすり潰しておく。辛子醤油を里芋にかけたのち、ごまをまぶす。

南瓜濃羹冷し汁＝かぼちゃ、たまねぎ、バター、小麦粉、鶏がら、塩、こしょう。

黒皮栗かぼちゃ。もっとも扱いやすい

赤皮栗かぼちゃ。揚げもの、ソテーに適

エーコンスカッシュ。どんぐり型、甘味

テーブルクイーン。小型、詰めものに適

日本かぼちゃとはいうが、中央アメリカ原産。16世紀に日本に伝来

かぼちゃは薄切りにしてゆで、水を切ったらそのまま釜の中で潰す。多少潰れぬ部分があってもよい。みじん切りにしたたまねぎをバターで炒め、小麦粉を少量ずつ加える。鶏がらストックを徐々に追加していき、かぼちゃを加え、塩こしょうで味をつける。かぼちゃには甘味があるので、万事薄味に仕立てる。早めに造り置きし冷ましておく。かぼちゃは洋種を佳とす。

漬物＝適宜、古漬けを用いる。

27　軍隊料理なら陸軍が本領発揮

〈歩兵の本領ならぬ軍隊料理の本領〉

本書は海軍料理を通じて食文化の変遷と食生活の知恵を紹介することとしているため、日本陸軍の料理にはほとんど触れていないが、陸軍には、いかにも陸軍らしい料理の知恵があるので紹介する。

昭和十二年七月、陸軍省検閲済のテキスト『軍隊調理法』をもとに、陸軍の兵食の特色をあげると、つぎのことがいえそうである。

一、陸軍料理は、基本的には伝統的和風料理が多い。フライ、スープ、サラダなど洋風料理もあるが、断然、和風が多い。海軍のように調理の専門職がつくるのではなく、陸軍ではすべての職域の者が食事づくりに従事するという制度から、ふだん慣れ親しんだ献立を多く取り入れたことによると考えられる。

二、陸軍料理は、郷土色、風土色が豊かである。

師団や連隊を構成する兵員の出身地域が限定するためか、郷土料理や地方特有の食べ方を踏襲した献立が多い。同じ汁物でも鹿児島は薩摩汁仕立て、北海道なら石狩鍋仕立ての材料と味付けが目立つ。

三、陸軍料理は、一見おおざっぱに見えるが、実証に基づいている。野戦料理を基本としているので、自然相手の煮炊きのように見えるが、薪の積み方から火のつけ方、材料の切り方まで実証に基づく科学的裏づけがある。火を燃やすにも煙を出さず、いかに薪を少なく使うか、ただのキャンプとは違う理論がある。

これを要するに、陸軍の食事は軍隊内務令（第二四七条）に示される「軍隊ノ食事ハ栄養ヲ主トシ、簡易ヲ旨トスベシ」という兵食の基本を忠実に守るとともに、部隊統率のうえで食事の持つ重要性を最大限に発揮しようとした努力がみられる。

陸軍が「栄養」と「簡易」を重視した背景には、明治以来の兵食とのかかわりがある。明治海軍が脚気《かっけ》と戦っているとき、陸軍はそれ以上の脚気患者を出していた。海軍は脚気の原因が食事にあることを遠洋航海で実証し、麦飯採用により明治十七年を境に激減し、日清、日露戦争では脚気による戦力低下はなくなる。

ところが陸軍は、そのあとの日露戦争がはじまる明治三十七年がとくにひどく、四月から一年間の脚気患者は十万人もいて戦闘による負傷者をはるかに上回った。難攻不落を誇る旅順の前に脚気という伏兵がいたわけである。

そもそも麦飯採用を決めたのは陸軍のほうが海軍より早く、明治十七年九月に「精米ニ雑穀混用ノ達」という通達を出し、脚気対策のために麦や雑穀を混ぜてもよいということが徐々に実行され、明治二十三年の陸軍給与令でも白米七、麦三となっていたが、「白米こそ

日露戦争当時の陸軍第３軍司令部
天幕内での昼食。中央が乃木司令官
（明治37年９月18日撮影の写真を模写）

士気高揚の根源。皇軍に麦飯を食わせるとはもってのほか」という部隊指揮官が多く、戦塵の労をねぎらうという時代背景もかえって仇になった。

明治三十八年三月になって陸軍も大陸への出征兵の主食を一日精米四合、挽割麦二合割り当てることになり、かろうじて旅順開城後の満州展開に脚気が障害となることはなくなった。

脚気撲滅は海軍との熾烈な競争でもあった。海軍の脚気患者数が極端に少ないのは、脚気とおぼしき患者でも、併発する末梢神経疾患、心悸亢進など、他の症状にすりかえた統計のからくりだという裏話もあるくらいである。陸軍の栄養重視にはこのような背景があった。

大正、昭和にくだって、陸軍にも川島四郎陸軍主計少将（のち）という兵食の権威者がいた。陸軍経理学校卒業後、東大農学部で栄養学を修め、陸軍の給食制度確立に貢献した陸軍将校で、戦後は栄養学者として国民の食生活向上にも影響を与えた。昭和十二年陸軍編纂の『軍隊調理法』は、その内容の確かさから多分に川島少将の息がかかったテキストであると思われる。

陸軍料理は「簡易ヲ旨トスベシ」ということにも理由がある。レシピを見ると、たしかに作り方が簡潔で、手間がかからないものが多い。

陸軍では炊事担当の下士官を通称「炊事軍曹」とよび、その中から炊事班長が任命された。海軍にはこの呼称はなく、現場責任者は「烹炊員長」といったが、呼称の違いだけでなく、陸軍と海軍では給食システムがまったく違った。

簡単にいうと、海軍では、食事は烹炊員長をはじめ、調理員はすべて主計兵、または軍属のプロが従事したが、陸軍では炊事軍曹を中心とする幾人かの連隊経理部の専門職が指導にあたり、多少の炊事兵はいるものの、中隊の歩兵や砲兵、工兵などから当番で食事をつくるという制度になっていた。陸上戦闘を前提とした陸軍の任務から理にかなったもので、だれでも炊事ができる兵站機能を維持すること、状況によっては個人で飯盒炊さんしなければならない、という戦闘形態の違いから考えたものだろう。

そうなると、海軍のように、

「野菜を細く縦に切り、べつべつに水洗いして水分を切っておきます。底の厚い鍋にバタを溶かし、玉葱とポワローを入れて弱火にて色のつかぬように炒め、その中へ人参、蕪、玉菜、セロリを加えて一寸あぶり、塩、胡椒をして少量のブイヨンを加えて静かに煮上げます」（海軍経理学校教科書「野菜入り鶏スープの作り方」）

――などという本格的フランス料理のようなことは野営を拠点とする陸軍には通用しない。どうしても簡単で、だれでもつくれるもの、ということで「簡易ヲ旨トスベシ」となったものであろう。

ただし、この場合の「簡易」は〈手抜き〉とは違う。『軍隊調理法』をみればよくわかる。一例として、陸軍式カレー汁の簡潔明瞭なレシピを紹介する。一人前というところがいかにも野営や野戦の合間を縫ってつくれる個人献立らしい。

〈カレー汁〉熱量三二四カロリー、蛋白質十八・五グラム（陸軍刊『軍隊調理法』から）

材料（一人分）＝牛肉（または豚肉、兎肉、羊肉、鳥肉、貝類）七十グラム、馬鈴薯百グラム、人参二十グラム、玉葱八十グラム、小麦粉十グラム、カレー粉一グラム、食塩少量、ラード五グラム。

準備＝肉は細切れとなし置く。馬鈴薯は二センチ角くらいに、人参は小口切り、玉葱は縦四つ割りに切り置く。ラードは煮立て、小麦粉を投じて撹拌し、カレー粉を入れて油粉捏を作り置く。

調理＝鍋に肉と少量のラードと少量の玉葱を入れて空炒りし、約三百五十ccの水を加え、まず人参を入れて煮立て、馬鈴薯、玉葱の順序に入れ、食塩にて調味し、最後に油粉捏を煮汁で溶きのばして流し込み、撹拌す（筆者注、油粉捏《ゆふんねつ》とはルウのことらしい）。

備考＝イ、温かきご飯を皿に盛りて、その上に掛くればライスカレーとなる。ロ、調理はパンの副食にも適す。

旧軍に関して、海軍と陸軍の違いがしばしばいわれる。イギリス兵制にならった海軍とドイツ兵制（はじめはフランス）を範とした陸軍という出発点の違いもあるが、やはり海上と陸上の任務形態の違いから来るしきたりなどが自然に発展したものであろう。

言葉も違う。海上自衛官だった筆者が防衛大学校訓練教官時代、陸上自衛官幹部どうしの会話内容がさっぱりわからなかった。

防衛大学校は学生養成人数からも「陸」の色彩が濃く、そのため旧陸軍用語を継承したものが多い。編上靴《あみあげぐつ》を〈へんじょうか〉、物干場《ものほしば》を〈ぶっかんば〉といい、当直勤務につくことを〈上番する〉という。海では左上腕につける当直の腕章も陸は右につける。

もっとも、海上自衛隊にも陸上自衛隊からみると不可解の用語が多いから、よそのことはいえない。船ではない部隊の外出でも「上陸」といったり、廊下や庭の掃除でも「甲板《かんぱん》掃除」という号令がいかにもおもしろく映るらしい。

戦後できた航空自衛隊など、どちらがどうなっているのかわからず、両方から適当に用語を採用してしまった。さすがジェット戦闘機の中の掃除を「甲板掃除」とはいわないようではあるが。旧陸海軍将校はどちらもクラウゼヴィッツ（ナポレオン時代のドイツ陸軍軍人）の『戦争論』を必読書としたくらいが共通点かもしれない。

ことほど左様に違うから、食生活関係用語も当然、異なる。海軍では主として下士官兵に供する食材を「糧食」として海軍給与令に定めたが、陸軍では「糧秣」（軍馬の飼料も含む）といった。海軍軍需部に相当する部署は陸軍糧秣本部となるのであろうが、旧陸軍の関係資料をみると戸惑う用語があるため、本稿では適宜振り替えたり、適当に解釈して記述した。

蛇足ながら、陸軍用語をいくつか紹介する。カッコ内の説明は筆者の勝手な推測による。

メンコめし（軍隊で食った飯の数。古参兵ほど飯の数が多いこと。モッソーめしは営倉の飯）

特サン（特務曹長の俗称。中隊長は中サン。大隊長、連隊長は大サン、連サンともいった）

将集（師団、旅団等の将校集会所の略。海軍の水交社ほど組織だったものではなかったようだ）

タコを釣る（下級兵に対する処罰。海軍の〈ばっちょく〉。精神注入棒はないが、シゴキは相当なもの。野間宏原作による一九五二年の新星映画『真空地帯』がリアル）

モサ（二年兵のこと。初年兵からみたら、もっともおそろしい存在。なぜ、モサというのかわからない。モサのなかでもとくに意地の悪いものをモサクレと呼んだ）

万朶《ばんだ》の桜か襟の色……陸軍の愛唱歌「歩兵の本領」ではないが、軍隊料理の本領が発揮されていると思われる陸軍の献立をいくつか列挙する。原書ではすべて一人分が基準となっており、材料・数量、準備、調理の順で簡潔に説明されているが、ここでは材料の数量は省略するとともに一部用語を修正したうえで作り方の手順を述べるに留める。

〈北海煮〉

身欠きニシンを米のとぎ汁につけて軟らかくし、三センチくらいの長さに切っておく。水に浸けておいた大豆とその浸け汁にニシンを加え、トマトソースを流し込み、昆布と削り節を入れて軟らかく煮る。砂糖、醤油で煮含め、最後にとうがらし粉をふりかける。

〈鯖味噌煮〉

サバは頭部、内蔵を取ったら適当な切り身にする。大根は二センチの厚さの小口切りにする。鍋に少量の水と三分の一ずつの砂糖、味噌に生姜、大根を入れ、煮立ったらサバを入れ、様子をみて次から次へと調味料（砂糖、醤油、味噌）を補充して煮上げる。

〈雑集煮〉

「ざった煮」というらしい。豚肉を細切れにし、青ねぎは三ミリくらいの小斜め切りとし、人参は薄い短冊、もやしは洗ったら水気を切っておく。鍋に豚肉を入れて空炒りし、これに人参と少量の水を入れて煮立て、砂糖と塩で下味をつけ、醤油で味をととのえ、もやしを入れる。ひと煮立ちしたら水で溶いた片栗粉を流し込んでドロリとさせる。

〈潰し薯摘入汁〉

皮をむいた馬鈴薯をゆでて潰し、生卵、塩を加えて粘り気が出るまで混ぜ、適当な大きさに摘み入れて碗に入れておく。出し汁を煮立て、塩、醤油で調味したら水溶きした片栗粉を入れ、とろみがついた汁を碗に注ぎいれる。

〈大根飯〉

（野外調理兼用料理とある）鍋に少量の水と銀杏切りにした大根を入れ、大根の軟かくなりたるときに牛缶を入れ、醤油にて味をつけ炊きたての飯にかけよく混合す（注、「おしん」の大根飯とはイメージが異なり、これなら食べてもよさそう）。

28　海軍とコーヒー〈「海軍さんの珈琲」の発祥〉

明治時代、コーヒーを飲むのはハイカラなことだったが、コーヒーは明治維新より五十年前の寛政年間にはすでに日本に入っていたという記録もある。

島原の乱のあと長い鎖国体制がつづき、開港が認められた長崎を通じてオランダだけが唯一、ヨーロッパ文化にふれることのできる国であった。『解体新書』や『蘭学事始』に代表されるように、西洋の学術はオランダ語を通じて学んだので蘭学とよばれた。

寛政年間に遊学した某藩の下級武士の「長崎見聞録」によると、「かうひいは蛮人煎飲する豆にて、日本の茶をのむ如く常に服するなり。かうひいかんはかうひいを浸すの器なり。真鍮にて製す」とある。

コーヒーほど表記のしかたがたくさんある外来語もめずらしい。江戸時代はかうひい、古闘比伊、コッピー、コックヰー、珈琲、加非、架啡、茶豆などと書かれたものがある。明治二十一年、上野黒門町にできた「可否茶館」は初のカフェー。女給をおいてカフェー（コーヒー）ばかりでなくアルコール類も置いたため、カフェーは享楽的飲食店の代名詞となった。昔の喫茶店には「珈琲」と当て字を使った看板も多い。

明治時代、少なくとも海軍軍人は「カッペ」ともよんでいた気配がある。昭和四十年六月、筆者が海上自衛隊の新米三尉として南米方面への遠洋航海出発前、横須賀で山梨勝之進元海軍大将の講話を聴いたことがある。山梨勝之進大将といえば日本海海戦のときすでに少佐、海軍の良識を代表する提督で、昭和初期に海軍次官、その後、学習院長を務めた。講話のときすでに八十八歳（明治十年生まれ）という高齢で、訓練幕僚補佐の小西岑生一尉（のち海将）が介添えしながらの登壇だった。講話の中身よりも、余談の「アメリカではコーヒーはカッペといわないと通じない」という話だけを鮮明に覚えている。

コーヒーを飲む杉田玄白（想像図）
この肖像画の元絵は文化９年正月、80歳の寿像といわれる。オランダの医術衣を着ていて、コーヒーを飲んでいてもおかしくない

本書発行の最終打ち合わせで上京の帰途、山手線の車内で奇しくも前記の小西海将に出遇った。原稿内容の確認かたがた立ち話のまま山梨大将にふれたら、「あのとき山梨大将が、長年読みたいと思っていた本がやっと手に入ったよ、といわれるのには驚いた。ドイツ語の原書らしかったが」と感服の体であった。

コーヒーのヨーロッパ伝播の歴史は、どのストーリーも西洋史そのものでおもしろい。

最初の伝播ルートは原産地のイスラム圏から一六〇〇年代中期にイギリス、オランダへ渡ったとする説。ロンドンでできたコーヒーハウスはまたたくまに広がり、社交場となり、情報交換の場となり、ここからいろいろな文化が生まれた。この様式がパリに伝わり、ベルサイユの王侯貴族、とくに貴婦人たちの間でもてはやされるところとなる。

紅茶を好むイギリス人がなぜコーヒーを、という疑問があるが、イギリスは当時、コーヒーの大消費国だった。十八世紀になってアジアでの植民地支配が拡大したため、国策からコーヒーが紅茶に変わったという理由が有力であるが、家庭をほったらかして一日中、コーヒーハウスに入りびたりの亭主が多かったため欲求不満に陥った女房たちが決起し、コーヒーハウス廃止請願運動を起こしたからという歴史的事実もあるらしい。とにかく、十八世紀になってイギリスは男性の飲み物だったコーヒーから家庭的な紅茶に代わった。

トルコ軍によってコーヒーがウィーンを中心に広まったとするルートもあり、世界史の上ではこのほうがずっとおもしろい。

十四世紀からつづいたオスマン・トルコ帝国の侵攻は一六八三年九月、ドイツ、ポーランド連合軍の援軍によって再包囲が失敗し、トルコ軍が撤退したあとには大量のコーヒー豆が残った。潜伏して連合軍との連絡に功のあったゲオルグ・コルシツキーという男は商才もあったらしく、勲功の代償としてもらいうけたトルコ軍のコーヒーで、さっそく、ウィーン市内にトルココーヒー店を開店したという。

ウィーン市街を見下ろす〈ウィーン森〉の一角にトルコの大軍が陣営を敷いたカーレンベ

ハウスマンによるよく知られた、J.S.バッハの肖像画から複製。右手の楽譜（6声の三重カノン、BWV1076）の代わりにコーヒーカップを持たせても似合う

ルグとよばれる丘陵地がある。ここがトルコ軍が大量のコーヒーを放置して撤退した場所だといわれる。雑木に囲まれた森の中で、どこにもコーヒー記念碑らしいものはなく、ポーランドが戦勝を記念して建てた教会があるだけで、日本人観光客にもそのような説明はしてくれないが、トルコ戦争とコーヒーを結びつけてこの地に立てば、コーヒーが世界史を変えたという感慨にふけることができる。ウィーンでコーヒーといえば、生クリームでたっぷり覆《おお》ったウィンナコーヒーを連想するが、ウィーンにはいまでも独特の抽出器イブリクを使った「トルココーヒー」の淹《い》れ方がある。

そのころ生まれたヨハン・セバスチャン・バッハも相当なコーヒー党だったらしく、四十九歳の一七三四年に、コーヒーにとりつかれた娘と、それをやめさせようとする父親とのやりとりを歌った「コーヒーカンタータ」という愉快な曲を作っている。

日本海軍がどの系統のコーヒーになじんだのかわからない。日本海軍がイギリスと交流をはじめた時期は、前述のように、すでにイギリスではコーヒーより紅茶が飲まれていたことから考えれば、イギリス海軍流だったとは考えにくい。幕府海軍はオランダを手本にしたので、案外カッテンディーケ大尉ほかオランダ人を通じて、もっと早い時期に西洋人が飲む黒い不思議な液体の味を知っていたのかもしれない。

砂糖、クリームを入れて飲む習慣がいつからはじまったのかは定かでないが、トルコでは早くから砂糖を入れていたという。マルクスがナポレオン戦争に関連して、「コーヒーと砂糖は十九世紀の世界史的意義を示した」という言葉を残しているように、砂糖も不可分の歴史があるが、ここではコーヒーだけに焦点を絞《しぼ》って話をすすめることとする。

海軍では明治時代から糧食にコーヒー支給量を定めていた。明治中期には民間でも嗜好品として飲まれていたので、海軍が先んじていたということではないが、明治二十三年糧食品日当表の茶の部類に茶、焙麦、チョコレート、ココアとともに「珈琲三匁」という規定が見える。三匁は十一・二五グラムであるから茶匙三杯ていど、つまり下士官兵も一日一杯のコーヒーが飲めたということになる。ただし、嗜好品なので、実際はどういう支給方法だったのかはわからない。「そんな贅沢品にあやかった記憶はない」ということになりそうである。この三匁という数量は昭和になって数量単位がメートル法に切り替わる前までつづくが、本稿では数量は大事なことではないので省略する。

民間でのコーヒー普及は大正中期から顕著になるが、太平洋戦争で物資統制によりコーヒーはもちろん、砂糖も手に入りにくくなり国民から縁遠い嗜好品になってしまった。その点、砂糖も比較的潤沢だった海軍ではコーヒーが単に嗜好品としてばかりでなく、精神安定上、有効な糧食として消費されていた。とくに航空機搭乗員には増加食としてコーヒー、ココアは定番の支給品であった。

昭和初期の海軍教科書には、

「珈琲は珈琲樹の子実で東亜弗利加《アフリカ》の原産である。実を煎って粉末となしたもので特異の芳香を有する。この煎り方の適否は品種に重大な影響を及ぼすもので、また、この際の珈琲中に含まれるカフェインの一部が遊離せられ、その他揮発成分の一部は揮散するのである」

と説明があり、成分を示したあと、「有害作用を伴わず、疲労回復に有効である」としている。たしかに、タバコがすっかり不健康の元凶になってしまった現代でもコーヒーは病理上の有効成分が多く、害毒よりも成人病予防効果があることが見直されている。

もっとも、コーヒーの功罪は昔から論じられてきた。コーヒーを飲んですぐに寝てしまう男が多かったのか、コーヒー・インポテンツ原因説というのもあるらしいが、これは先のイギリス女性の「請願」との関係で男性をコーヒーハウスから呼び戻すための仕掛けともいう。

体に悪いらしいという風説から、フランスではコーヒーの〈毒性〉を消すためにはたっぷりミルクを入れて煮ればよいということでカフェ・オ・レが生まれた。

一方、コーヒー発祥地のイスラム圏では、「コーヒーを体内に入れて死んだ者は地獄に行かない」ということわざもあるという。「精神を安定させる飲み物」になるかとおもうと、「情熱を湧き立たせる飲み物」になったり、「催淫を防ぐ」としてカトリックの僧侶こそ飲むにふさわしいとされたり、煮立てた煤を煎じて飲むのはガンの原因になるといわれたこともあったが、現在は逆に発ガンを抑える効能があるともいわれる。

コーヒーはうまいまずいよりも、世界の歴史と人類の文化そのものとしての意味のほうが大きいようである。その芳香は今日でいうアロマテラピーのもとでもあった。日本海軍がコーヒーを精神安定に適した飲み物として定めた背景がどこにあったかわからないが、欧米様式を取捨選択してとりいれるなかで上位にランクされる嗜好品ではある。

海軍が特定銘柄のコーヒーを飲んでいたというものではないが、十数年前から呉市の昴《すばる》珈琲店が特別にブレンドした「海軍さんのコーヒー」と銘打ったコーヒーを販売している。コーヒーは雰囲気で飲むものだけに、包装のデザインのよさも加わって人気商品になっている。

もともと横須賀、呉、佐世保、舞鶴は明治以来、海軍が育ってきた代表地であった。なかでも呉は海軍兵学校の玄関口であり、戦艦「大和」建造に代表される呉工廠を擁し、明治、大正、昭和を通じて海軍とともに歩んできた町であった。

現在も呉鎮守府長官邸をはじめ、市内随所に古い時代の建物が残る海軍の聖地でもあるが、昨今は「聖地」だけでは経済に結びつかないようで、海軍コーヒー、海軍ビールにくわえ、海軍料理を売りものに、という企画に挑んでいるホテルもある。

29　手近な食材で海軍料理、夕食の組み合わせ〈家庭向き献立セレクション〉

旧海軍軍人や縁故の人、海軍の伝統を慕う有志から成る水光会（財団法人）というメンバー制の会があり、折に触れた会合や研修会による交流がおこなわれている。明治海軍からの流れを汲む会だけに、海軍関係者の記録や談話は中身が濃い。体験談や手記も枚挙にいとまがない。

（注、「水光会」＝『荘子』（山木第二十二）の「君子の交わりは淡きこと水の若く、小人の交わりは甘きこと醴〈甘酒〉の若し」を受け、「君子は淡くして以て親しみ……」〈君子の交際は水のように淡々としているが、そこには親愛の情が通っている〉に由来する。切っても切れない関係を示す〈水魚の交わり〉という『三国志』出典の故事があるが、そちらではない）

ところが食べ物の話になるとほとんど収集できない。まれに、思い出したように士官室の食事のことを聞けることもあるが、「夕食といっても四時に食べるため腹も空かないので、一品料理で十分だった。航海中は夜食もあるし、大体において士官が献立に注文をつけることはなく、全部食事担当兵に任せきりで、食事代がどうなっていたかもおぼえていない。いわれるだけ月末に払っていた」という答えが多い。この鷹揚なる態度、ことに料理に注文をつけないという姿勢は現代家庭でも見習うべし。

士官室では夜食のあと、食卓料で買ってある缶詰などで酒を飲むのも日課のようになっていたから、不自由はなかったようであるが、戦争末期になるととくに南方戦線に出動中の艦艇では糧食補給が困難となり、鷹揚変じて、応用献立が用いられた。とくに一般下士官兵の夕食は質よりも量の確保が優先した。

昭和十八年に海軍経理学校を卒業した某主計兵の調理実習ノートに、つぎのような応用献立がある。

〈〔夕食向応用料理〕　炒鹹肉菜《チヤオシエンロウツアイ》〉

材料・数量（十人前）＝沢庵百五十匁、椎茸五枚、長葱二本、豚肉六〇匁、玉子一個、油揚一枚、紅生姜、黒胡麻少々、塩、砂糖、醤油、酒、胡麻油、胡椒は味付用に付少量。

調理法＝沢庵を細く千切りにして、塩抜きのため水に晒す。豚肉は挽いて胡椒を振り、混ぜておく。胡麻油を鍋に敷き、細かく刻んだ椎茸、長葱を炒め、沢庵も加える。炒めたら適宜味をつけ、溶き玉子と刻んだ油揚を加える。塩漬けの菜類にても応用可

（注、ノートの原文によるため、難読個所は修正した）

たくあんを炒めてもあまりうまそうでなく、ましてなにもここで中国料理名をつけることもなさそうであるが、無理にたくあんと肉を応用した料理で、苦肉の策とはこのこと。このていどの材料ならいつも家庭の冷蔵庫にあり、間に合わせの夕食の主菜にはなりそうである。

実習ノートにある「洋式献立」から、同じくありふれた材料を使いながらも、やや手が込んでいると思われるものをひとつ。

〈〔夕食向応用料理〕鶏卵グラタン〉

材料・数量（十人前）＝鶏卵八個、玉葱一瓩（kg）、バター百二十瓦（グラム）、牛乳二百cc、小麦粉百八十瓦、塩、胡椒、青菜（小松菜等）、パン粉、スープストック。

調理法＝玉葱を刻み、二十瓦のバターで炒める。鶏卵はゆでて皮をむいて刻む。鍋に残りのバターを入れ、小麦粉を加えたら焦げ付かぬように炒め、牛乳とスープを少しずつ加えてよく溶かす。

十五分間煮て塩、胡椒で調味したら、これに鶏卵、玉葱、刻んだ青菜を入れグラタン皿に取り分け、表面にパン粉をまぶし、オーブンにて十五分間焼く。熱いまま供卓する。

海軍の夕食がいつも一品料理だったわけではないが、献立を組み合わせることにより手近な材料や買い置き食材でも間に合う夕食ができそうである。海軍の献立集にあるから、すべて「海軍料理」としてしまうことは早計であるが、家庭料理に応用できる献立と作り方の概略を食品分類別に列記する（注、献立名は原文によるが、材料名および作り方は一般的な記述とした。いずれも四人分。数量表示のない材料は適宜の量とする）。

「魚肉の部」

〈烏賊のみどり焼き〉

スルメイカ
いったん内臓を抜いて、もとにもどす
木の芽味噌
串にさして焼く
木の芽はたっぷり使う
緑色が美しい

スルメイカ四はい、白味噌五十グラム、砂糖十グラム、木の芽。

イカは開いて内蔵をとり（足をつけたまま）、串を打っておく。白味噌、砂糖、木の芽をすり鉢ですって味噌だれを作る。イカを魚焼器で焼き、仕上がりに味噌だれを表面にたっぷり塗る。

〈鰯のトマト煮〉

イワシ（中）八尾、トマト二個、昆布、しょうが、塩、こしょう、トマトケチャップ。

昆布を敷いた鍋に水を少し入れ、煮立ったら頭と内蔵をとったイワシを入れて約五分煮る。薄切りしょうがとともに刻んだトマトを加えて中火で加熱し、塩、こしょう、ケチャップで調味する。

〈浅蜊のシチュー〉

あさりむき身二十グラム、たまねぎ一個、にんじん½本、バター、ホワイトシチューの素、牛乳。

たまねぎの半分はみじん切り、半分はザク切り、にんじんはまわし切りにしておく。あさりとみじん切りにしたたまねぎをバターで炒め、水を加えて煮込み、シチューの素、牛乳で調味する。


〈烏賊ハンバーグステーキ〉

水イカ三ばい、たまねぎ½個、食パン二枚、鶏卵一個、牛乳、塩、こしょう、サラダ油。

イカはフードカッターで粗く挽く。刻みたまねぎを炒めたら、イカ、牛乳に浸した食パンを加えてよく練り、塩、こしょうで調味、つなぎの小麦粉、卵を加え、形をととのえて油で焼く。


「獣肉の部」


〈豚と馬鈴薯カレー煮〉

豚バラ肉四百グラム、じゃがいも（大）三個、サラダ油、砂糖、塩、カレールウ。

豚肉は角切り、じゃがいもは大きめの乱切りにする。肉、じゃがいもを炒め煮にして砂糖、塩で調味し、カレールウを加えて煮込む。タカのつめを一、二本加えてもよい。


〈豚肉牛蒡巻き〉

豚肉薄切り二百グラム、ごぼう三本、サラダ油、砂糖、醬油、とうがらし。

ごぼうはさきに二、三等分にカットし、大きな部分は二つ割り、または四つ割りにして、あくを抜いてゆでる。ごぼうを適当に束ねて豚肉を巻き、四センチに切りそろえ、炒め煮の要領で調味する。

〈肉詰茄子煮物〉

丸なす（中）四個、合挽肉百グラム、サラダ油、砂糖、醤油。

加茂なすがよいが、丸型のなすでよい
中をとり出す
挽き肉とともに炒める
調味してもう一度詰める
160℃くらいの油で揚げる

なすは縦二つ割りにし、皮を厚めに残して内部を包丁で取り出す。肉と刻んだナスの中身を炒め、調味し、なすのくり抜いた部分に詰め、油で軽く揚げたのち、砂糖、醤油を加えて煮る。

〈コンドビーフ白和え〉

コンビーフ一缶、豆腐¼丁、白みそ、白ごま、砂糖。

コンビーフはよくほぐす。海軍では、束になった形状からソーフ（掃布）とよばれていた。すりごま、豆腐、みそを擂《す》り、砂糖で調味してコンビーフを和える。コンビーフはすでにかなり塩味がついているので注意。

ソーフ(掃布)、モップともいう

「鳥および卵の部」

〈若鶏香草煮佛国風〉

鶏もも肉四本、小麦粉、塩、こしょう、ローズマリー、サラダ油、赤ワイン、固形スープの素。

鶏は塩こしょうし、小麦粉をまぶして油で炒め、ワイン、スープを加えてハーブとともにゆっくり煮込み、一人前ずつ丁寧に皿に盛り、残りのハーブを上に散らす。ローズマリー以外のハーブでも可。

〈鶏肉蓮根マヨネーズ和え〉

鶏ささ身百グラム、れんこん百グラム、こしょう、マヨネーズ。

ささ身は酒を振って軽く蒸し、冷めたら細切りにしておく。れんこんは縦半分に切り、うす切りにしてゆでる。両方を手早く混ぜ、こしょうを振り、マヨネーズで和える。

〈豆腐玉子焼〉

豆腐半丁、鶏卵三個、砂糖、塩、だし汁、サラダ油。

ほぐした豆腐に卵を加えて調味し、だし汁を加える。油をひいて弱火ないしは中火で厚焼き卵風に焼き上げる。くずれやすいので巻き込まない。

「野菜の部」

〈花椰菜クリームソース煮〉

カリフラワー二個、バター十グラム、クリームシチューの素、牛乳四百cc。

花椰菜とはカリフラワーのこと。花野菜ともいう。茎を切り離してゆでたらバターでかるく炒め、水、牛乳、シチューの素を使ってシチューの要領でふわりと煮る。

〈青隠元のサラド〉

さやいんげん百グラム、キャベツ二百グラム、りんご一個、ドレッシング、黒ごま。

さやいんげんはさっと塩ゆでし、細く切る。キャベツは粗い繊切《せんぎ》りにし、塩を少し振ってしんなりしたらかたく絞る。皮のまま銀杏切りにしたりんごとともにドレッシングで和え、ごまを振る。

〈座禅豆〉

丹羽黒豆百グラム、砂糖、塩、重曹。

（黒豆には尿を遠ざける働きがあるといわれ、座禅前に修行僧が食したことから名付けられたものらしい）

乾燥黒豆は微温水に少量の重曹を加えた水に二時間（常水なら八時間）浸けておき、水を取りかえたら中火で煮る。数回びっくり水をするのがコツ。やわらかくなったら砂糖を加えて弱火にし、塩で味を

座禅の前に食べるから座禅豆

ととのえる。

「ライス・麺類の部」

〈ハムライス〉

ハム五枚、冷やご飯四膳分、たまねぎ一個、レタス五十グラム、塩、こしょう。

みじん切りのたまねぎを大きめのフライパンで炒め、塩こしょうしたら細切りにしたハムを加え、つづいてご飯を入れ、押しつけるようにしながら香ばしさを出す。仕上がりにちぎったレタスを混ぜる。

〈乾葡萄入りバタライス〉

ご飯四膳分、バター大匙三、干しぶどう五十グラム、にんにく一片、こしょう、パセリ。

みじん切りのにんにくをバターで炒め、かための冷やご飯を加えてチャーハン風に調味する。干しぶどうを混ぜ合わせ、刻みパセリをまぶす。

〈素麺の曽保呂煮〉

そうめん三把、鶏挽肉百グラム、しょうが一片、みりん大匙二杯、塩、醬油。

鶏は鍋で空煎りし、おろししょうが、調味料を加えて煎り煮(そぼろ)にしたら冷ましておく。曽保呂は「そぼろ」の当て字。そうめんはゆでて水洗いしたらざるにあげ、ほぐしながらそぼろと混ぜ合わせる。冷たいままで供したほうがおいしい。

30　海軍料理考〈海軍の食文化を語る終章〉

終章は、これまでいろいろなテーマでとりあげてきた日本海軍の食生活と食文化のしめくくりとして、海軍が日本の食文化に与えた影響について振り返りながら、余話を語ることとしたい。

日本海軍を通じた戦記や歴史にくわしい人は多数あり、著述も星の数ほどあるが、兵站《へいたん》分野、とくに海軍の食生活に関することになると専門的に研究された資料は意外に少ない。

「軍艦は日本の誇りであったが、人の面に於いても、世界三大国に伍して誇りに値する将帥がいた。しかも彼らは傲《おご》らず、つねに自ら足らざる所を外に学んで大成を志して倦《う》まなかった。それが世界屈指の大海軍を造り上げる基本となったのである」

『連合艦隊の栄光』『連合艦隊の最後』などの名著で知られるジャーナリスト出身の海軍史家伊藤正徳氏は著書『大海軍を想う』（文藝春秋社、昭和三十一年刊）の序文で、昭和二十年の戦争終結とともに終焉を迎えた「帝国海軍」をこのような感慨を込めて述べている。作者の海軍への熱い想いが伝わる文体の中に、海軍の建設とその充実に尽くした人々のひたむきな努力と限りない英知を感じる。それとともに、海軍の歴史探究の過程で、栄枯盛衰の陰に隠れて見えない部分にも海軍の知恵の結集がたくさんあったのではないかとも思われてくる。その中の海軍の食生活などは取るに足らない海軍創建にかかわる歴史の一部であるかもしれないが、明治維新とともに幕府海軍から数隻の軍艦を受け継ぎ、暗中模索の中で発足した日本海軍が、その発展の中で兵食にも懸命な改善を試みた。その努力が実って、食事が兵站機能だけでとどまらなかったところに日本海軍の特質がある。

軍隊の本質から考えれば、部隊での食事には食通志向、いわゆるグルメ（gourmet 仏）は必要ではない。そもそも軍隊の食事は「兵食」というとおり、兵站（後方支援）の一部としてその機能が発揮できればこと足りるものである。陸軍の兵食の中に一般国民の食生活に浸透した料理や食文化史に残るような献立がほとんどないのは、兵食の域を出なかったからであろう。しかし、だからといって陸軍は食事に執着がなかったということではない。

陸軍の兵食改善にも今日の栄養理論を証明する顕著な研究成果がいくつかある。代表的な栄養改善の成果は、話は古いが日露戦役と脚気の撲滅の実績がよい例だろう。

明治三十七年の日露開戦で出征する部隊に脚気が大流行し、とくに一年目は戦闘による負傷者数を上回りながらも、早期に兵食の改善によって脚気を撲滅できたことは、27章で扱ったとおりである。旅順籠城のロシア兵が二万人以上の壊血病患者を出し、「号令するも兵士は動かず、全員土人形の如し」（司令官の一人ナージン中将の談話として残されている）という状況を迎えるまで、なんの手立てもしなかったのとは対照的である。

陸軍の兵食について付記すると、陸軍軍医総監だった森林太郎（鷗外）の『陸軍兵食論』

乃木将軍との会見のため水師営に到着したステッセル司令官及び参謀一行。明治38年1月5日午前10時40分の撮影というが、冬の旅順郊外の影は長い。尋常小学読本唱歌『水師営の会見』の歌詞七番にあるように、「両将昼食(ひるげ)共にして」、会見は午後1時に終わった

には麦飯の効用は書いてあるが、脚気については一言も触れられていない。不思議である。海軍軍医の高木兼寛との確執もあって意識的に著述を避けたという見方もある。

海軍の食事が兵食の域にとどまらず、日本の食文化としての一面を残すことになったのは、そもそもの生い立ちがイギリス海軍に範をとったことによると考えられる。そのため、士官にはジェントルマンとしての教養を高めることを重視し、当然のこととして食生活の中に西洋料理が取り入れられるようになった。食べる者があれば、つくるほうも熱心にならざるをえない。献立は下士官兵の日常の食事にも影響するところとなった。

とくに、海軍の兵制をもとに、食事に関する制度や運用方法を定め、教育技術を充実させた指導者や主計関係者の力は大きい。

なかでも海軍経理学校という教育機関の存在が海軍主計業務の歴史をつくるもととなった。

明治七年に創設された海軍会計学舎は海軍主計学舎、海軍主計学校と名称を変え、日露開戦前に一時、空白期間（代替として海兵団で教育）はあるものの、戦勝後、海軍経理学校として開校され、庶務、会計教育とともに厨業（料理）教育が昭和の終戦時までつづけられた。庶務、会計はあまり欧米に習うような内容はなかった（ケインズの経済学などは授業に取り入れているが……）が、料理では西洋文化を同化するうえで大いに参考にしていたことが厨業教育からもわかる。

（注、J・M・ケインズ〈一八八三〜一九四六年〉イギリスの経済学者。ケインズ革命とよばれるほどの経済学の大変革を起こし、世界の学界、経済界はこぞってこの理論に注目した。経理学校でも昭和に入ってから、生徒、士官の経済学科目で教官はケインズを引用していた。簿記は明治とともに国内も大福帳式勘定の仕方から脱却、経理学校では開校時からヨーロッパから移入された複式簿記によっていた）

ありえないことではあるが、かりにイタリア海軍に範をとっていたとしたら、日本海軍兵食のようすはまるで違ったものになっていただろう。

イタリア人はきまった時間に、長い時間をかけて食事をしなければ納まらない国民らしい。軍人兵士もその食習慣に変わりはなかったから第二次世界大戦が悪化し、きまった時間に食事ができなくなると兵の士気がいちじるしく低下してしまった。イタリアが早々に白旗を揚げたのは、時間が来ても食事があたえられなくなったことが最大の理由だとする真面目な敗因説さえある。

日本陸軍の兵食が質実で簡素なものになったのは、兵制を手本としたドイツの影響によるものとも考えられる。

ドイツ料理といえば、じゃがいもとソーセージ、ザワークラウト（酢漬けキャベツ）に代表されるように、だいたいにおいて質素である。昭和十八年、インド洋での通商破壊作戦では日本も同盟国としての交流も重ねたが、ドイツ潜水艦のいつも変わりばえのしない簡単な食事内容を見て、ゲルマン民族の忍耐強さを知ったという日本の海軍士官の話がある。

明治陸軍がドイツに鞍替えせず、そのままフランス兵制に倣《なら》っていたら、あんがい食事も違うものになって、陸軍将校が、

「コッコ・オ・ヴァン（鶏のワイン煮）のトリは鹿児島の地鶏に限る」

「いや、秋田の比内鳥を使うといいものができる」とか、

「レ・オ・ペール・ニワール（赤エイのバターソースかけ）はエイのゆで加減がむずかしいんだ」

など、うんちくを傾けたフランス料理を話題にすることもあったかもしれないが、現実では日常、飯盒飯をかっこむことを是としていた。

もっとも、海軍がイギリスにいろいろな流儀を倣ったといっても、イギリス料理といえるようなうまい料理は昔からなにもない。イギリスから料理に結びつくものとしたら、サンドイッチぐらいのもので、それも十九世紀のイギリスではサンドイッチに胡瓜をはさんだだけ

のものが高級品だったというから、料理修業や美食を求めてフランスへ出かける人はあっても、イギリスへわざわざ食べに行くような人はいないのも無理はない。

海軍が取り入れたのはイギリス風の立ち居振る舞いや生活様式というだけで、料理そのものは、いわゆる西洋料理全般を参考にしたようである。そのおかげでかえって普遍的な西洋料理が考案されるようになった。本書の中で紹介した西洋料理の「ポジャルスキー」は、ニコライ一世の命名というからロシア料理の部類、「若鶏ハンガリー風」はお国柄からもパプリカを使ったハンガリー料理、「アスペルブイヨン」はアスパラガスを使ったフランス料理、マカロニナポリタンはもちろんイタリア、といった具合で、いろいろな国にまたがっている。兵食の中身から軍隊の精強度を考えれば、米軍が強い。アメリカにはアメリカ料理といえるような郷土料理はない。ピューリタン革命のときイギリスを脱出したプリグレム・ファーザースによって、イギリス料理から発展したアメリカ的郷土料理が到着地に縁が濃いニューイングランド地方（マサチューセッツ、メーン、ニューハンプシャー、バーモント、コネチカット、ロードアイランド各州の総称）にあるともいわれるが、食べてみるほどのものではないことは想像がつく。クラムチャウダーこそアメリカ料理の代表だとする説もあるが、たしかな来歴は薄い。

アメリカにうまい料理がないのは、美食をよしとしないプロテスタントの教義と世界にさきがけて早い時期に冷蔵庫が家庭に普及したことによるともいわれる。冷凍品には季節がないから旬《しゅん》を大切にする料理はできない。ベジタリアンも多く、アメリカでの食べ物はますます味気ないものになったが、アメリカ人は概して食事の中身に執着しない。

最近入手した在日米海兵隊の献立（Garrison Menu といい、通常待機状態の食事）によると、日常の食事はきわめて単調である。（四週分のメニューの中から一例を別掲。筆者邦訳）

〈在日米海兵隊基地のメニュー〉

●献立運営の基本

四週間サイクル、同じメニューの繰り返し。年間を通して変わらない。毎年同じ。二〇〇二年一月二十八日（月）のメニューは四週間後の月曜、つまり二月二十五日にまったく同じ。あとはそのルールで、三月は二十五日（月）、四月は二十二日（月）と十二月三十日（月）まで毎月一回、同一メニューが顔を出す。前年の二〇〇一年は〇二年一月二十八日の四週間前の十二月三十一日（月）にさかのぼるという具合で、ベトナム戦争以来、兵食のサービスシステムが変わっていない。休日は朝昼兼用（午前九時〜十一時）となる。海兵隊のもっとも海兵隊らしい戦場メニュー（Field Menu）は別に準備されている。

●月曜の朝食（つぎの中から適宜選択）

チーズバーガー、ハンバーガー、ホットドッグ、ビスケット、ドーナッツ、白ご飯、乾燥穀類取り合わせ、オムレツ、固ゆで卵、スクランブルエッグ、炒めソーセージ、ハム、焼きベーコン、炒めポテト、オレンジジュース、グレープジュース、グレープフルーツジュース、果物取り合わせ。

●月曜の昼食（朝食に比べると種類は少なくなる）

スープ、子牛肉のチーズ焼き、ポテト（乱切り、天火焼き）、パスタ（バター味）、塩ゆでグリーンピース、ヤングコーン、ロールパン、チーズビスケット（オプションとして数種のサンドイッチもある）。

●月曜の夕食（在日米軍では、テンプラなど日本的なものが適宜入っている）スープ、地ものエビのボイル、焼きそば、カツどん（Pork Fried Rice）、塩ゆでグリーンピース、人参のリヨン風（たまねぎといっしょに揚げたもの）、ロールパン、マカロニサラダ、トマトサラダ、チョコレートクリームパイ、パイナップルケーキ。

食堂担当部の話によれば、海兵隊員はとくにそういう教育を受けているのか、一般に食事についての不満はほとんどないという。兵站は優先して考えられているから、いかなるときでも欠乏することがなく、第二次世界大戦中もアメリカ兵が捕虜以外でひもじい思いをした者はいないという。中身はともかく、つねに量は十分確保されているので兵も文句のつけようがないというのが昔からのアメリカ兵食なのだろう。

日本海軍が「食事」を大切にしたことは間違いないが、実際に、海軍士官の多くが食通だったかというと、そうでもないようである。主計科士官は職務柄、食に通じる必要があったから勉強（料亭通いも勉強と心得てせっせと通ったという）もしたが、兵科士官でそういう人がいたとすれば、せいぜい昭和十二、三年までの国際情勢が比較的緊迫していない時期までのことである。7章で引用した福地誠夫氏の上海での美食体験などがその例であり、「食」に深い関心を持ち、料理について語れることはやはり文化人としての教養が感じられる。

兵学校教育でもそのような感性の醸成を理想としたのであろうが、戦争になると兵学校のテーブルマナー実習も〈手続きのみ〉になったように、ジェントルマン教育はつづけても「食」について関心を高めるような教育まではとてもできなかったようである。ミッドウェーでの大敗をきっかけに戦況が大きく後退する昭和十七年以降は、とてもテーブルマナーどころではなかったと思われる。その点、海軍経理学校では依然として食卓作法教育に手を抜かないでやっていたのは、教育の理想を捨てなかったからだと解釈したい。

海軍機関学校では生徒の教育課目に「会計経理大意」という授業があり、主計と同じく兵站を支える任務から食事に関する教育や心得も大切にしたと思われるが、教育の実態は不明である。機関科士官は職業柄、几帳面で冷静な人間形成が求められていたから、飲食で羽目を外すようなことはあまりなかったのではないかと思われる。

舞鶴にあった機関学校で昭和十二年当時教官を勤めていた筆者の伯父（機関中尉）の生前の手記には、専門分野の教育内容や艦隊での機関科兵の厳しい勤務のようすはくわしく書かれており、なにごとにもいいかげんにしない機関科士官や機関科兵の性向まで述べてあるが、食事に関する記載はまったく見当たらない。

昭和四十六年ごろ自衛隊の某教育機関で、赤飯缶詰が収められたボール箱をしげしげと見て、

「アカメシと書いてあるが、なにか」

と真顔で尋ねる兵学校出身（七十五期　当時二等海佐）の上司もいたから、太平洋戦争がは

じまってからの海兵出身者は、とても食通ぶる真似さえできない苦境にあったのかもしれない。あるいは、戦術以外にはまったく無関心の、特別な人だったのかもしれないが……。いつの世にも世事や俗事とは無縁の人はある。

余談になるが、日清戦争のはじまりも、終わりも知らずに研究に没頭していた有名な東大医学部教授（当時は東京帝国大学医学科大学教授と称した）があったらしい。当時すでに日本の解剖学の先駆者として名を知られていたほどの人という（日本経済新聞一九八七年四月三日朝刊の文化欄『解剖学の鬼日清戦争知らず』のタイトルでも紹介）。

それはさておき、海軍の食生活に話はもどる。

太平洋戦争になると、当然のことながら食事の様相も変わってくる。海軍も、なんでもいからとにかく食糧を確保することが先決だった。南方戦線を例にとると、開戦後一年くらいはまだ内地からの食糧補給も頼れたが、しだいに海上輸送も困難になった。とくに昭和十七年、ガダルカナル島が玉砕してからは制海権、制空権ともに失い、南方諸島の前線基地への補給も困難の度合を増した。補給基地としてトラックに本部を、サイパン、パラオ、クェゼリンに支部をおいて軍需物資の配分に努めたものの思うにまかせず、とくに糧食補給は滞った。潜水艦を糧食輸送に使うという事態にまで発展する。

貧《ひん》すれば鈍《どん》すとはいうが、糧食をくすねる銀バエなどという日常的な所業は別として、海軍での食物争奪をめぐる醜い内輪争いの話はめったに聞かない。19章で給糧艦「伊良湖」の最期にふれたが、主計長石踊中尉は無人島に上陸した他の艦の生き残りを加えた数百名を前にして、「糧食はこのとおりわずかである。総員が生き延びるため厳重に管理する。不心得な者があって勝手に持ち出すことがあれば、これでたたっ斬るから心得よ」と軍刀を片手に訓示した。

陸揚げした糧食を再点検してみると米麦三俵はいいとして、乾パンだと思っていた数十箱はまったく違うもので、大見得を切ったあとだけに心細いことこの上なかったが、一同よくルールを守って救援が来るまで耐えたという（石踊主計長手記）。このような統制がとれたのは、指揮官の識見と海軍兵の日ごろの教育によるものであろう。

艦が沈む前に、どうせ死ぬのなら腹一杯食っておこうと、下士官兵たちが酒保庫から菓子やサイダーを持ち出して皆でやけくそになって飲み食いした話（潮書房発行『丸』'02九月号所収の木村伊勢市氏の手記）などは、軍規とはおもむきを異にする、むしろ憎めないエピソードである。

海軍での調理方法の多くは、そのまま海上自衛隊に引き継がれた。昭和三十年代後半までは、海軍主計兵を経験した一等海曹（海曹長、准海尉制度は未制定）が部隊のあちこちにいて、海軍流儀の料理法を伝授していた。若い調理員への教育は厳しかったが、とくに調理室の清掃、調理器具の手入れにはやかましかった。夜の巡検時には調理室（海軍時代のまま「烹炊所《ほうすいじょ》」といった）の床に少しでも水溜りがあってはならず、ライスボイラーに飯の一粒でも付着していようものなら手厳しく叱咤していた。

あるとき、護衛艦の調理室で若い調理員がポテトサラダにするじゃがいもをゆでながら、乱切りの一片をときどきつまんでは調理室の床に投げつけるので、聞いてみると、「煮えていなければはねかえる。煮えていれば床にくっつくと衣糧長が教えてくれた」ということだったが、試してみるとたしかにそのとおりで、判定しやすい方法ではあった。あまり奨められるものではないが、どうも海軍仕込みの方法らしい。

海軍での烹炊作業の現場はなまやさしいものではなく、海軍主計兵だった人から聞いた軍艦での日課はまさに『海軍めしたき物語』（高橋孟著、新潮社）で語られているとおりだったそうである。厳しい徒弟教育を含めて海軍の食生活は成り立っていたということである。

（注、衣糧長という呼び名は海上自衛隊にないが、海軍では主計科の兵曹長クラスにあったらしく、海上自衛隊になってもそう呼ばせる人がいた。だいたいにおいて、海軍では「長」をつけるのが好きだったようで、つけられるほうも「長」がつくとはりきるという心理作用もある。便所掃除当番の責任者〈水兵〉には敬意を表してか「厠番長《かわやばんちょう》」、食卓係の責任者は「食卓番長」、機関科の燃料出納責任者〈兵曹〉になると「長」ではおさまらず、「オイルキング」と呼んだから油の王様というわけである。たぶんイギリス海軍に由来するものだろう）

海軍料理を中心に、いくつかのテーマに分けて紹介してきたが、日本海軍七十年の歴史の中に、日本の食生活史として残るような海軍の文化がいくつもあったことを伝えて本書を閉じることとしたい。

本章のはじめに、海軍の食生活をくわしく記した資料は少ないと書いたが、本書でたびたび引用してきた瀬間喬氏の『日本海軍食生活史話』は戦後四十年を経てからの発刊であるが、地道な仕事をよくぞここまでまとめられたものと、すでに故人となられた同氏の業績に敬意を表する。同書には日本海軍の給与規則等と実務の詳細を時系列的な確かな資料をもって紹介されており、本書ではとても扱いきれない内容が盛り込まれている。オーバーな表現であるが、これこそ海軍の遺産ではないかとも感じるところである。

あとがき

「海軍のメシはうまい！」

戦争中連絡将校として海軍に派遣される陸軍の人たちは、口をそろえてそういったという。海軍の食事がおいしいという背景には明治維新による海軍力の整備の陰で、兵食の改善に尽くした研究者、軍人とともに勤務に熱心な海軍兵がいたからだと思う。

しかし、こういう人たちはいわゆる縁の下の力持ちで、兵站（ロジスティックス）は「後方」ともいうとおり、どうしても後方におかれるのが、わが国の特性のようである。陸軍では、「輜重輪卒《しちようゆそつ》が兵隊ならば、蝶々もとんぼも鳥のうち」などといって後方の大切さを軽視する風潮が強かったという。海軍でもその傾向は多分にあったと感じる。

昭和海軍に従事した人たちもすでに多くは物故し、当時のようすを確認する手段が消滅しつつある。戦略や戦闘の模様は戦史として伝えられる資料に事欠かないが、ロジスティックス、ことに食事や食糧については詳細な資料や研究が遺されていないのが実情である。

かつて私が防衛庁海上幕僚監部衣糧班長という海上自衛隊員の衣食を統括する配置にいたころ、必要あって旧軍時代の制度や現状を調べた。昭和五十年代の後半というと、すでに記憶のたしかな食糧政策に従事した旧軍人もほとんどなく、暗中模索の状態だった。

そんな中で一人だけ、海軍の給食や制度を後世に遺しておこうと病軀を押して資料をまとめておられる人があった。『素顔の帝国海軍』など数冊の海軍関係の良書を世に出しておられる瀬間喬元海軍主計中佐がその人だった。同氏に仕事の関係で数回話を聞く機会があった。直接会ってゆっくり話を伺いたいともお願いしたが、「心臓が悪く、ペースメーカーを入れている状況で時間がとれない。なんとかこれだけは残しておきたいと思うものを書いているので」と断わられながらも、数回にわたる長い電話に応じてもらい、直接いくつかのことを確認することができた。そのとき書いておられたものが昭和六十年秋に発行された『日本海軍食生活史話』（海援舎刊）という七百ページの大作である。

あるとき瀬間氏から、「あなたに私が大事にしていた資料をひとつあげよう。私はもういらないと思うので」といって送っていただいたのが昭和十七年海軍経理学校発行の『海軍厨業管理教科書』である。この教科書への関心がそのあと継続し、数年後、部内のさるところで昭和十三年発行の同じ『海軍厨業管理教科書』の中に「肉じゃが」のルーツ「甘煮」を発見（?）する幸運に結びつく奇縁ともなった。

本書はもともと海軍料理を掘り起こして紹介する料理本を作る目的で稿を起こしたものであったが、海軍の糧食制度や料理には明治、大正、昭和、あるいはその前の幕末にまでさかのぼる時代背景が大きく影響していることがわかるにつれ、食文化を軸とした書にまとめることに方針を変更した。軍の食事であるから当然、戦争背景もあり、そのため日本海軍の事跡も適宜紹介しながら記述を進めることとした。

イラストは記述内容との関連を極力緊密にするためすべて自分で手がけたが、艦艇スケッチ等不得意な分野にまで及んだため海軍艦艇に詳しいマニアには不十分な点があることをお許し願いたい。艦艇は改装が多く、時期によっては形状さえ大きく変化しているもの（戦艦「長門」など）もあるため、数葉の写真の中から適宜選択したものが多い。

歴史は当事者から直接伝え聞いたものほど重みがある。幸い、そのような勤務環境にあった私の経験をすこしでも生かして、書物として残しておくことができれば存外の喜びである。

平成十五年　如月

著　者

〈付記〉本書の出版にあたり、海軍主計科士官としての経験から適切なアドバイスをいただいた猪股淑郎氏（海軍経理学校三十二期）、瀬間喬氏の貴重な資料をこころよく提供された同氏御息女瀬間由美子氏、光人社との刊行の縁をつくっていただいた朝雲新聞社編集局部長角田豊氏、潮書房取締役菊池征男氏及び光人社専務取締役牛嶋義勝氏、同社出版製作部川岡篤氏の各位に御礼申し上げます。

文庫版あとがき

本書は、二〇〇三年三月初版の拙著単行本『海軍食グルメ物語』を文庫本としたものである。日本海軍の食生活の歴史を分かりやすく述べたつもりだったが、初版のとき予期できなかった反響があった。

後半に「海軍兵学校昭和二十年元旦の献立」を紹介したページがある。

転載した献立表はその半年前（二〇〇二年夏？）、本稿執筆中に江田島に用事ができ、私の古巣でもある第一術科学校（元海軍兵学校）を訪ねたら、たまたま旧知の教育参考館長新宮事務官に再会した。「こんなものがある」と言うので複写してもらったものだった。

つい先日、大阪に住む元兵学校で給食現場の仕事をしていた元主計上等水兵から郵送されてきたものだとのことだった。手書きのガリ版刷りで数十ページ分があった。その中から見つけたのが昭和二十年元旦の「特別献立表」だった。感じるところあってそれを新刊で紹介した。

初版発行後、時を経ずして井上正美と名乗る元兵学校生徒だったという横浜の人から手紙をもらった。兵学校長だった井上成美中将（のち大将）と名前が似ているのも不思議だが、「この特別献立こそ我々兵学校七十六期生の江田島で食べた二十年元旦のメニューです。イラストの一品一品までよく覚えてもいます。これを見ると兵学校での青春が甦ります」と、その人の興奮まで伝わりそうな手紙だった。七十六期三千二百二十八名は兵学校当時十六、七歳だったはずである。

この人との縁で七十六期の多数の同期生たちとも交流が広がり、私はクラス会に呼ばれたり、特別講話を頼まれるまでに関係が発展した。

食べものの怨みは怖いと言うが、終戦の年の元旦の献立、その八ヵ月後は終戦で兵学校も解散になり、入校からわずか十ヵ月で国元へ帰された十七、八歳の少年たちには〝食いもの〟の怨みどころか、食事の記憶が戦後の新たな活動の後押しになったようである。実際、兵学校、機関学校、経理学校―いわゆる海軍三校―を卒業できなかった人たちの多くは大学等へ進み、ビジネス社会に出て戦後の日本復興に尽くした功績は大きい。

脇道に逸れたようなことを書いたが、兵食にも個人の人生や社会を刷新、変革する力があるということを言いたくて記した。

本書を出版した後も、海軍食には歴史と文化があること、存外に類書が少ないことを知り著作を続けている。すでにその分野の著作は二十冊を超える。

文庫本となった本書がさらに広く読まれ、海軍理解と食文化の実生活応用に役立てば著者の本望とするところである。

二〇二一年　立春

高森直史

参考とした主な資料

『海軍厨業管理教科書』 海軍経理学校（昭和十七年版）
『日本海軍食生活史話』 瀬間　喬（海援舎　昭和六十年）
『主計会報告』 海軍主計会（昭和十年）
『大海軍を想う』 伊藤正徳（文藝春秋社）
『日露戦争写真集』 酒井修一（新人物往来社）
『海軍兵学校　海軍機関学校　海軍経理学校』（秋元書房）
『江田島』 セシル・ブロック（銀河出版）
『江田島教育』 豊田　穣（新潮社）
『素顔の帝国海軍』 瀬間　喬（海文堂）
『回想の海軍ひとすじ物語』 福地誠夫（光人社）
『海軍主計大尉の太平洋戦争』 高戸顕隆（光人社）
『海軍こぼれ話』 阿川弘之（光文社）
『海軍主計大尉小泉信吉』 小泉信三（文藝春秋社）
『海軍めしたき物語』 高橋　孟（新潮社）
『駆逐艦入門』 木俣滋郎（光人社）
『帝国陸海軍　補助艦艇』（学習研究社）
『空のモッコス』 渋谷　敦（創林社）
『復刻　軍隊調理法』 小林完太郎編（講談社）
『食べ物さん、ありがとう』 川島四郎（朝日文庫）
『近代日本食文化年表』 小菅桂子（雄山閣）
『日本人と西洋食』 村岡　實（春秋社）
『味の日本史』 多田鉄之助（新人物往来社）
『徳山海軍燃料廠史』（徳山大学編）
『写真図説　帝国連合艦隊』 千早正隆編（講談社）
『日録　田原坂戦記』 勇　知之（熊本出版文化会館）
『栄養学者　佐伯　矩伝』 佐伯芳子（玄同社）
『天皇の料理番』 杉森久英（読売新聞社）
『四季の献立』 土井　勝（お料理社　一九七五年）
『クッキング基本大百科』（集英社）
『和菓子創造』（伊那食品工業）
『中国家常菜』（北京　外交出版社　一九九〇年）
『五訂　食品成分表』（女子栄養大学出版部）

単行本　平成十五年三月「海軍食グルメ物語」改題　光人社刊

NF文庫

真珠湾攻撃でパイロットは何を食べて出撃したのか

二〇二一年三月二十二日 第一刷発行

著 者 高森直史

発行者 皆川豪志

発行所 株式会社 潮書房光人新社

〒100-8077 東京都千代田区大手町一-七-二

電話/〇三-六二八一-九八九一(代)

印刷・製本 凸版印刷株式会社

定価はカバーに表示してあります

乱丁・落丁のものはお取りかえ致します。本文は中性紙を使用

ISBN978-4-7698-3206-5 C0195

http://www.kojinsha.co.jp

NF文庫

刊行のことば

第二次世界大戦の戦火が熄《や》んで五〇年——その間、小社は夥しい数の戦争の記録を渉猟し、発掘し、常に公正なる立場を貫いて書誌とし、大方の絶讃を博して今日に及ぶが、その源は、散華された世代への熱き思い入れであり、同時に、その記録を誌して平和の礎とし、後世に伝えんとするにある。

小社の出版物は、戦記、伝記、文学、エッセイ、写真集、その他、すでに一、〇〇〇点を越え、加えて戦後五〇年になんなんとするを契機として、「光人社NF（ノンフィクション）文庫」を創刊して、読者諸賢の熱烈要望におこたえする次第である。人生のバイブルとして、心弱きときの活性の糧《かて》として、散華の世代からの感動の肉声に、あなたもぜひ、耳を傾けて下さい。